普通高等教育"十二五"部委级规划教材（高职高专）

染色工艺与质量控制

冒亚红　主　编

管　宇
　　　　副主编
姚书林

中国纺织出版社

内 容 提 要

  本书以项目化教学为依据,简要地介绍了染料的基础知识、染色的基本理论,全面地介绍了常用染料的染色特点、原理、方法和工艺,同时对不同的染色产品质量检测进行了阐述,具有较好的实用性和可参照性。本书可作为高职高专及中等职业学校染整技术专业的教科书,也可供印染行业的相关人员参考。

图书在版编目(CIP)数据

  染色工艺与质量控制 / 冒亚红主编. —北京:中国纺织出版社,2014.8(2025.1重印)
  普通高等教育"十二五"部委级规划教材. 高职高专
  ISBN 978 - 7 - 5064 - 9812 - 8

  I. ①染… II. ①冒… III. ①染色(纺织品)—质量控制—生产工艺—高等职业教育—教材 IV. ①TS193

  中国版本图书馆 CIP 数据核字(2013)第 114536 号

策划编辑:秦丹红 王军锋 责任编辑:张晓蕾 责任校对:余静雯
责任设计:李 歆 责任印制:何 建

中国纺织出版社出版发行
地址:北京市朝阳区百子湾东里 A407 号楼 邮政编码:100124
销售电话:010—67004422 传真:010—87155801
http://www.c-textilep.com
E-mail:faxing@c-textilep.com
中国纺织出版社天猫旗舰店
官方微博 http://weibo.com/2119887771
北京虎彩文化传播有限公司印刷 各地新华书店经销
2025 年 1 月第 5 次印刷
开本:787×1092 1/16 印张:10.5
字数:218 千字 定价:48.00元

出版者的话

　　《国家中长期教育改革和发展规划纲要》（简称《纲要》）中提出"要大力发展职业教育"。职业教育要"把提高质量作为重点。以服务为宗旨，以就业为导向，推进教育教学改革。实行工学结合、校企合作、顶岗实习的人才培养模式"。为全面贯彻落实《纲要》，中国纺织服装教育学会协同中国纺织出版社，认真组织制订"十二五"部委级教材规划，组织专家对各院校上报的"十二五"规划教材选题进行认真评选，力求使教材出版与教学改革和课程建设发展相适应，并对项目式教学模式的配套教材进行了探索，充分体现职业技能培养的特点。在教材的编写上重视实践和实训环节内容，使教材内容具有以下三个特点：

　　（1）围绕一个核心——育人目标。根据教育规律和课程设置特点，从培养学生学习兴趣和提高职业技能入手，教材内容围绕生产实际和教学需要展开，形式上力求突出重点，强调实践。附有课程设置指导，并于章首介绍本章知识点、重点、难点及专业技能，章后附形式多样的思考题等，提高教材的可读性，增加学生学习兴趣和自学能力。

　　（2）突出一个环节——实践环节。教材出版突出高职教育和应用性学科的特点，注重理论与生产实践的结合，有针对性地设置教材内容，增加实践、实验内容，并通过多媒体等形式，直观反映生产实践的最新成果。

　　（3）实现一个立体——开发立体化教材体系。充分利用现代教育技术手段，构建数字教育资源平台，开发教学课件、音像制品、素材库、试题库等多种立体化的配套教材，以直观的形式和丰富的表达充分展现教学内容。

　　教材出版是教育发展中的重要组成部分，为出版高质量的教材，出版社严格甄选作者，组织专家评审，并对出版全过程进行跟踪，及时了解教材编写进度、编写质量，力求做到作者权威、编辑专业、审读严格、精品出版。我们愿与院校一起，共同探讨、完善教材出版，不断推出精品教材，以适应我国职业教育的发展要求。

中国纺织出版社
教材出版中心

前言

　　《染色工艺与质量控制》教材在系统叙述染色工艺原理的基础上,尽可能结合当前行业的生产实际和发展的方向,较多地增加了生产实践知识和目前应用较为成熟的新材料、新设备、新工艺、新助剂等,突出了技能的培养和新技术的应用。同时对染色产品质量的评价做了较系统的介绍。

　　本教材共分八个项目,项目一、项目三由成都纺织高等专科学校冒亚红老师编写;项目二由成都纺织高等专科学校姚书林老师编写;项目四由江苏阳光集团教授级高级工程师曹秀明编写;项目五由江苏阳光集团桂明胜工程师编写;项目六由重庆三五三三印染服装总厂有限公司刘方方编写;项目七由总后军需物资油料部军需军事代表局驻成都军事代表室管宇博士编写;项目八由总后军需装备研究所王修行工程师和总后军需物资油料部军需军事代表局驻南京军事代表室陈征兵工程师共同编写。全书由冒亚红老师负责统稿。

　　本教材在编写过程中参考了一些专家与技术人员编写的书籍和资料,同时还得到了各兄弟学校、企业专家和领导的关心和支持,在此一并表示衷心的感谢。

　　由于编写组成员水平有限,且编写时间仓促,难免有错误或不妥之处,敬请各位读者批评指正。

冒亚红

2013 年 2 月

☞ 课程设置指导

课程名称:染色工艺与质量控制

适用专业:染整技术

适用学时:136

一、课程的地位和性质

1. 课程的地位

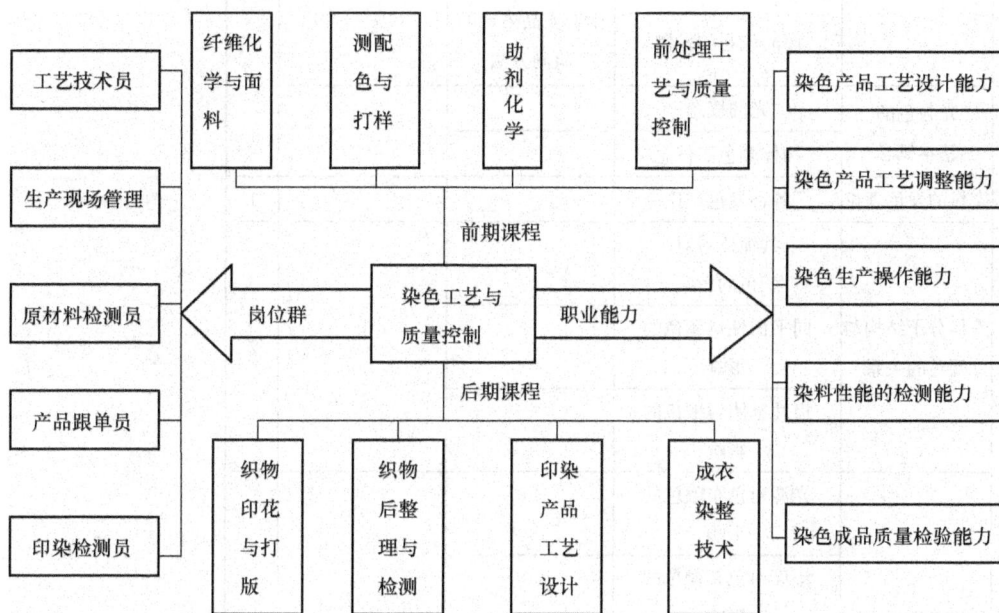

2. 课程性质

本课程属于染整技术专业的一门必修的专业课。

二、课程教学目标

1. 掌握常用染料的应用性能、使用方法。

2. 学会各类纤维染色工艺的制订。

3. 能操作常见染色设备。

4. 掌握染色产品的质量控制方法。

三、学时分配

序号	教学内容		知识内容与要求	技能内容与要求	嵌入式技能训练	参考学时
	项目	工作任务				
1	认识染料	染料概述	染料的基本概念			1
		染料的分类与命名	染料的分类			2
			染料的应用与选择			
			染料的命名			
		染料的商品化	染料商品化加工助剂		染料性能的测试	5
			各种剂型商品染料的加工			
			商品染料的检测	学会商品染料的检测方法		
2	了解颜色	光与色的基本概念	光的概念			1
			物体颜色的概念			
		染料的发色理论	各种发色理论			1
		染料分子结构与颜色的关系	共轭体系对颜色的影响			2
			同平面性对颜色的影响			
			极性基团对颜色的影响			
		外界条件对织物颜色的影响	光源对色布颜色的影响			2
			湿度对色布颜色的影响			
			温度对色布颜色的影响			
			光强对色布颜色的影响			
3	染色认知	染色的基本过程	染料的吸附、扩散和固着			2
		染料在染液中的基本形式	染料的电离、溶解、分散和聚集			2
		纤维在染液中的状态	纤维的吸湿膨化和在染液中的电现象			2
		染色基本概念	亲和力、直接性、上染百分率和平衡上染百分率、移染与泳移、促染与缓染等			2

续表

序号	教学内容		知识内容与要求	技能内容与要求	嵌入式技能训练	参考学时
	项目	工作任务				
4	纤维素纤维制品染色	直接染料染色	理解直接染料分子结构的特点、类别及性能	直接染料染色方法与质量控制	直接染料染色工艺设计与操作	6
		活性染料染色	识别活性染料分子结构的特点,区分染料的分类,理解活性染料与纤维间共价键的稳定性	活性染料染色方法与质量控制	活性染料染色工艺设计与操作	12
		还原染料	理解还原染料分子结构特点及性能,还原染料及可溶性还原染料染色原理及染色过程	还原染料染色方法与质量控制	还原染料染色工艺设计与操作	10
		硫化染料染色	理解硫化染料分子结构的特点及性能。硫化染料染色原理、染色过程	硫化染料染色方法与质量控制		2
5	蛋白质纤维制品染色	酸性染料染色	能区分酸性染料、酸性媒染染料、酸性含媒染料分子结构的特点、染色性能和染色原理	酸性染料、酸性媒染染料、酸性含媒染料染色方法与质量控制	酸性染料、酸性含媒染料染色工艺设计与操作	12
6	合成纤维制品染色	分散染料染色	理解分散染料分子结构特点、分类及性能,分散染料染色原理	分散染料的染色方法与质量控制	分散染料染色工艺设计与操作	8
		阳离子染料染色	理解腈纶纤维结构与染色性能,区别阳离子染料的结构分类及性能	阳离子染料染色方法与质量控制	阳离子染料染色工艺设计与操作	8
7	混纺纤维制品染色	混纺织物染料染色	掌握分散/活性,分散/还原染料对T/C混纺织物染色	学会采用分散/活性,分散/还原染料对T/C混纺织物染色工艺及操作	T/C混纺织物染色工艺设计与操作	10
		涂料染色	理解黏合剂、交联剂的类别性能及基本要求,涂料的分类及基本要求	涂料染色方法与质量控制	涂料染色工艺设计与操作	6
8	质量控制	内在质量	染色性能检测	掌握常用染色牢度的测试方法及采用的方法标准	皂洗牢度、摩擦牢度、汗渍牢度、日晒牢度测试	8
		外观质量	工厂疵布分析	掌握织物原料、织造疵点、染色疵点鉴别方法		4

四、教学资源要求

为保证顺利实施与完成教学任务,本课程必须在实践理论一体化教室或专用实验室完成教学过程。同时要求理论教师和实践教师共同完成教学过程。

五、课程考核

(1)本课程教学过程以学生为主体,重在考查学生在学习中表现出来的能力,因此在原有平时成绩(考勤、课堂纪律、回答问题、完成作业)的基础上,增加对学生完成项目的过程和结果的评价。

(2)期末设置期末考试,对课程的重要知识和能力进行综合考核,重在考察运用所学知识解决实际问题的能力。

教学评价的主要内容和权重如下表:

考核内容			权重	小计
常规考核	课堂纪律		5	10
	出勤		5	
项目考核	教师评价		20	80
	小组评价	小组互评	30	
		项目组长评价	10	
	操作考核		20	
理论考核	期末考试 (联系生产实际问题、职业技能证书考核中的"应知"内容)		30	30

目录

项目一　认识染料

任务1　染料概述

　　染料是能使纤维和其他材料着色并且着色后有一定牢度的物质,分天然和合成两大类。染料是有颜色的物质。但有颜色的物质并不一定是染料。作为染料,必须能够使一定颜色附着在纤维上且不易脱落、变色。1856年珀金(Perkin)发明第一个合成染料——马尾紫,使有机化学分出了一门新学科——染料化学。20世纪50年代。帕蒂(Pattee)和斯蒂芬(Stephen)发现含二氯均三嗪基团的染料在碱性条件下与纤维上的羟基发生共价键结合,标志着染料使纤维着色从物理过程发展到化学过程,开创了活性染料的合成及应用时期。染料已不只限于纺织物的染色和印花,它在油漆、塑料、皮革、光电通信、食品等许多部门得以应用。

　　染料大多可溶于水,有的可在染色时转变成可溶状态,直接或通过某些媒介物质和纤维发生物理的和化学的结合而染着在纤维上,主要用于纺织物的染色和印花。有些染料不溶于水而溶于醇、油,可用于油蜡、塑料等物质的着色。

　　颜料是不溶于水和一般有机溶剂的有机或无机有色化合物。它们主要用于油漆、油墨、橡胶、塑料以及合成纤维原液的着色,也可用于纺织物的染色及印花。颜料本身对纤维没有染着能力。使用时是借助某些高分子物(黏合剂)将颜料的细小颗粒黏着在纤维的表面。

任务2　染料的分类与命名

一、染料分类

染料按它们的结构和应用性质有两种分类方法。

(一)按结构分类

　　在染料的分子结构中都具有共轭体系。按照这种共轭体系结构的特点,染料的主要类别有:偶氮染料:含有偶氮基(—N =N—)的染料;蒽醌染料:包括蒽醌和具有稠芳环的醌类染料;芳甲烷染料:根据一个碳原子上连接的芳环数的不同,可分为二芳甲烷和三芳甲烷两种类型;靛族染料:含有靛蓝和硫靛结构的染料;硫化染料:由某些芳胺、酚等有机溶剂和硫、硫化钠加热制得的染料,需在硫化钠溶液中染色;酞菁染料:含有酞菁金属络合结构的染料。

　　此外,还有其他结构类型的染料,如甲川和多甲川类染料、二苯乙烯类染料以及各种杂环染料等。

（二）按应用分类

按染料性质及应用方法，可将染料进行如下分类。

1.直接染料 这类染料因不需依赖其他药剂而可以直接染着于棉、麻、丝、毛等各种纤维上而得名。它的染色方法简单，色谱齐全，成本低廉。但其耐洗和耐晒牢度较差，如采用适当后处理的方法，能够提高染色成品的牢度。

2.不溶性偶氮染料 这类染料实质上是由色酚和色基在织物上经偶合而生成的不溶性颜料。因为在偶合过程中要加冰，所以又称冰染料。由于它的耐洗、耐晒牢度一般都比较好，色谱较齐，色泽浓艳，价格低廉，所以曾被广泛用于纤维素纤维织物的染色和印花。但由于部分色酚和色基对人体健康有害遭到禁用，加上染色过程复杂且会对环境产生污染，目前此类染料已很少使用。

3.活性染料 活性染料又称反应性染料。这类染料是20世纪50年代才发展起来的新型染料。它的分子结构中含有一个或一个以上的活性基团，在适当条件下，能够与纤维发生化学反应，形成共价键结合。它可以用于棉、麻、丝、毛、黏胶纤维、锦纶、维纶等多种纺织品的染色。

4.还原染料 这类染料不溶于水，须在强碱溶液中借助还原剂还原溶解后方可上染纤维，再经氧化重新转变成不溶性的染料而牢固地固着在纤维上。由于染液的碱性较强，一般不适宜于羊毛、蚕丝等蛋白质纤维的染色。这类染料色谱齐全，色泽鲜艳，色牢度好，但价格较高，染色过程较烦琐，且不易均匀染色。

5.可溶性还原染料 它由还原染料的隐色体制成硫酸酯钠盐后，变成能够直接溶解于水，所以叫可溶性还原染料，可用作多种纤维染色。这类染料色谱齐全，色泽鲜艳，染色方便，色牢度好。但它的价格比还原染料还要高，同时亲和力低于还原染料，所以一般只适用于染浅色织物。

6.硫化染料 这类染料大部分不溶于水和有机溶剂，但能溶解在硫化碱溶液中，溶解后可以直接染着纤维。但也因染液碱性太强，不适宜于染蛋白质纤维。这类染料色谱较齐，价格低廉，色牢度较好，但色光不鲜艳。

7.硫化还原染料 硫化还原染料的化学结构和制造方法与一般硫化染料相同，而它的染色牢度和染色性能介于硫化和还原染料之间，所以称为硫化还原染料。染色时可用烧碱—保险粉或硫化碱—保险粉溶解染料。

8.酞菁染料 酞菁染料往往作为一个染料中间体，在织物上产生缩合和金属离子络合而成色淀。目前这类染料的色谱只有蓝色和绿色，但由于色牢度极高，色光鲜明纯正，因此很有发展前途。

9.氧化染料 某些芳香胺类的化合物在纤维上进行复杂的氧化和缩合反应，就成为不溶性的染料，叫做氧化染料。实质上这类染料只能说是坚牢地附着在纤维上的颜料。

10.缩聚染料 用不同种类的染料母体，在其结构中引入带有硫代硫酸基的中间体而成的暂溶性染料。在染色时，染料可缩合成大分子聚集沉积于纤维中，从而获得优良的染色牢度。

11.分散染料 这类染料在水中溶解度很低，颗粒很细，在染液中呈分散体，属于非离子型染料,主要用于涤纶的染色,其染色牢度较高。

12. 酸性染料 这类染料具有水溶性,大都含有磺酸基、羧基等水溶性基团。可在酸性、弱酸性或中性介质中直接上染蛋白质纤维,但湿处理牢度较差。

13. 酸性媒介及酸性含媒染料 这类染料包括两种,一种染料本身不含有用于媒染的金属离子,染色前或染色后将织物经媒染剂处理获得金属离子;另一种是在染料制造时,预先将染料与金属离子络合,形成含媒金属络合染料,这种染料在染色前或染色后不需进行媒染处理,这类染料的耐晒、耐洗牢度较酸性染料好,但色泽较为深暗,主要用于羊毛染色。

14. 阳离子染料 碱性染料早期称盐基染料,是最早合成的一类染料,因其在水中溶解后带正电荷,故又称阳离子染料。这类染料色泽鲜艳,色谱齐全,染色牢度较高,但不易匀染,主要用于腈纶的染色。

目前,世界各国生产的各类染料已有七千多种,常用的也有两千多种。由于染料的结构、类型、性质不同,必须根据染色产品的要求对染料选行选择,以确定相应的染色工艺条件。

二、染料应用与选择

(一)根据纤维性质选择染料

各种纤维由于本身性质不同,在进行染色时就需要选用相适应的染料。例如棉纤维染色时,由于它的分子结构上含有许多亲水性的羟基,易吸湿膨化,能与反应性基团起化学反应,并较耐碱,故可选择直接、还原、硫化、不溶性偶氮染料及活性等染料染色。涤纶疏水性强,高温下不耐碱,一般情况下不宜选用以上染料,而应选择分散染料进行染色。

(二)根据被染物用途选择染料

由于被染物用途不同,故对染色成品的牢度要求也不同。例如用作窗帘的布是不常洗的,但要经常受日光照射,因此染色时,应选择耐晒牢度较高的染料。作为内衣和夏天穿的浅色织物染色,由于要经常水洗、日晒,所以应选择耐洗、耐晒、耐汗牢度较高的染料。

(三)根据染料成本选用染料

在选择染料时,不仅要从色光和牢度的角度考虑,同时要考虑染料和所用助剂的成本、货源等。如价格较高的染料,应尽量考虑用能够染得同样效果的其他染料来代用,以降低生产成本。

(四)拼色时染料的选择

在需要拼色时,选用染料应注意它们的成分、溶解度、色牢度、上染率等性能。由于各类染料的染色性能有所不同,在染色时往往会因温度、溶解度、上染率等的不同而影响染色效果。因此进行拼色时,必须选择性能相近、配伍性较好的染料,这样可有利于工艺条件的控制、染色质量的稳定。

(五)根据染色机械性能选择染料

由于染色机械不同,对染料的性质和要求也不相同。如果用于卷染,应选用直接性较高的染料;用于轧染,则应选择直接性较低的染料,否则就会产生前深后浅、色泽不匀等不符合要求的产品。

三、染料命名

染料不但数量多,而且每类染料的性质和使用方法又各不相同。为了便于区别和掌握,就应了解染料的命名法。我国对染料的命名统一使用三段命名法,染料名称分为三个部分,即冠称、色称和尾注。

(一)冠称

主要表示染料根据其应用方法或性质分类的名称,如分散、还原、活性、直接等。

(二)色称

表示用这种染料按标准方法将织物染色后所能得到的颜色名称。

(1)采用物理上通用名称,如红、绿、蓝等。

(2)用植物名称,如橘黄、桃红、草绿、玫瑰等。

(3)用自然界现象表示,如天蓝、金黄等。

(4)用动物名称表示,如鼠灰、鹅黄等。

(三)尾注

表示染料的色光、性能、状态、浓度以及适用什么织物等,一般用字母和数字代表。

染料的三段命名法,使用比较方便。例如还原紫 RR,就可知道这是带红光的紫色还原染料,冠称是还原,色称是紫色,R 表示带红光,两个 R 表示红光较重。

目前,有关染料的命名尚未在世界各国得到统一,各染厂都为自己生产的每种染料取一个名称,因此出现了同一种染料可能有几个名称的情况。

任务3　染料的商品化

一、商品染料加工助剂及其作用

染料加工助剂是指商品染料中的辅助成分。染料商品化加工中大量使用分散剂、乳化剂、匀染剂、消泡剂、金属络合剂、防尘剂、填充成型剂等助剂,这些助剂多为表面活性剂。

(一)使用加工助剂的目的

1. 满足后处理加工过程的需要　比如,有些染料加工时长期在水中会发生水解(如活性染料等),就要加入一些稳定剂;为降低染料黏度加入稀释剂;需要粉碎的染料加入助磨剂等。

2. 满足商品剂型的成型需要　商品染料有粉状、颗粒状、浆状等多种外观形态,因此,要根据不同商品剂型选用不同的添加助剂,以满足商品成型的需要。

例如,粉状、颗粒状染料较多使用无机类添加助剂作为成型剂,而浆状、液状染料则较多使用有机类添加助剂,尤其是表面活性剂作为分散剂、稳定剂。

3. 满足商品储存的需要　液状染料储存比较困难,随储存条件如时间、温度和运输条件的变化,对储存稳定性有较大影响。我国南北方温差大,一年四季温差也大。在这种气候条件下要保证液状染料的储存稳定性更不容易。因此,使用助剂来提高染料的储存稳定性能,仍是目前商品染料后处理加工的主要方法。

4. 满足染料应用的需要　许多原染料的润湿性能差,不能在水中迅速向纤维表面吸附、扩散,影响上染速率和染色效果,因此在商品染料中需添加润湿渗透剂。有些原染料属于非水溶性染料,如分散染料必须借助于分散剂才能在水中分散或溶解,才能真正作为染料而被利用。

(二) 商品染料常用助剂

1. 分散剂　分散剂是在染料加工过程中帮助染料粒子进一步解聚、扩散在溶液中的助剂。对于分散染料、还原染料、颜料等水不溶性的物质尤其重要,水溶性染料为了助溶、防止凝聚也有一定作用。分散剂也称扩散剂,除分散作用外,还兼有润湿、稀释、匀染、调整染料强度等作用。

2. 乳化剂　使两种互不混溶的物质形成乳化体或对体系起稳定作用的物质称为乳化剂。乳化剂多为表面活性剂,作用是提高染料体系的稳定性。

3. 匀染剂　在染料对织物染色过程中能起均匀染色作用的物质叫做匀染剂。如果加工过程允许,应该把匀染剂在染料染色过程中加入,这样就提高了染料的综合质量。

4. 消泡剂　在染料加工和染色时,除某些特殊工艺要求外,一般不希望起泡现象出现,即使产生气泡,也最好在短时间内消除,不会对生产和染料应用产生不良后果。

5. 金属络合剂　金属络合剂也称螯合剂,可吸附除去水中的多种金属离子,以保证染料生产加工过程正常进行。染料中的金属离子主要来自有机中间体及生产用水。

6. 防尘剂　现行的有关染料国家标准中规定粉状染料粒度一般不大于 100 目。国外粉状染料,多数都经过防尘处理,提高了染料的档次、应用价值及附加值。防止染料在干燥、粉碎、拼混和包装过程中产生粉尘飞扬的物质称为防尘剂。

二、商品染料的生产加工

染料加工技术(染料后处理技术)是将合成出来的染料(通常称原染料)通过一系列加工手段变成染料商品,达到染料应用所需的各项技术指标和各项经济指标。

染料商品的物理形态有:固状染料:粉状、颗粒状、无粉尘粉状、块状、片状、短柱状;液状染料:水溶性液状、分散体;浆状染料:固—液混合体。

染料加工技术开发的一般步骤为:

新染料技术构想→实验室试验→中间试验→工业化生产→形成一整套技术资料

开发过程可分为三个阶段:小试、中试和工业化试生产。

(一) 小试

1. 小试内容

第一阶段:对原染料理化性能的分析,对有关助剂的分析选择。

第二阶段:初步确定加工工艺,初步确定符合工艺要求的单元设备。

第三阶段:对小试得到的样品进行应用试验,试验结果与设计标准对照,修改方案,经多次重复性试验,直至达到设计技术标准要求为止。

2. 小试的目的　主要目的是对一种工艺路线的可行性研究。通过对原染料和有关助剂的测试以及加工试验,可以得到初步的工艺路线方案。小试结束时,能够确定出助剂的种类、用量、加工设备的种类等。

3. 商品染料的检测 商品染料理化指标的检测有如下内容:

(1)滤饼的含固率。商品染料滤饼中含有原染料的湿基质量分数,即滤饼中原染料的有效成分。测定方法常采用烘箱法:定量的滤饼放在105℃恒温烘箱内,待恒重后计算出滤饼的含固率。

(2)染料杂质。染料杂质主要来自两个方面:化学合成过程中的化学残留物,如酸、碱、盐等;生产用水带入的机械和化学杂质。

(3)商品染料的相对强度。染料标样是指按一定要求检验合格并妥善保存的染料样品,在以后染料生产和质量控制中作为检验相同品种染料的色光、强度的实物标准;商品染料的相对强度简称为染料强度,也称染料力份。是指某种染料赋予被染物颜色的能力相对于染料标样的百分率。

(4)商品染料的色光。色光是指在染色深度一致的条件下,待测染料染色物颜色与染料标样染色物颜色的偏差程度,包括色相、明度、饱和度方面的差异。我国染料标准中对色光有明确的标准,共分为五个等级,若按它们的优劣顺序为近似、微、稍、较、显五个等级。商品染料同标样对比打样可评定出色光属哪个级别。后处理加工的任务之一就是调整色光,使其达标。

(5)商品染料的 pH 值。染料加工和染色中,受 pH 值影响较大,测定出商品染料的 pH 值后,可根据不同需要进行调整。

(6)商品染料的晶型粒度。染料滤饼的晶型和颗粒大小对染色性能有重大影响,确知商品染料的晶型和粒度后,后加工时可采取一定方法对晶型或粒度加以调整。

(二)中试

中试是从实验室过渡到工业生产的中间环节、关键阶段,可以减小工业生产的风险。中试起承上启下作用,是对实验室研究结果的检验和补充,同时又给工业化设计提供足够翔实可靠的基础数据。

中试过程中,会建立一套连续、完整的工艺流程,可生产出性能较稳定的产品,并对小试产品进行一系列应用方面的试验和检验。中试结束后也要进行技术经济评价,如果发现新问题,就要退回小试重新调整方案,直至中试合格为止。

国内大的染料生产厂家都有自己的中试设备或中试车间。中试设备投资较大,只为一个品种建一套中试设备显然不太经济,所以要求中试设备具有通用性强、适应性广的特点。

(三)工业化试生产

工业化试生产包括施工设计、试生产和染料产品检验三方面内容。

1. 施工设计 根据小试和中试的研究结果进行工业化设计,包括对具体物料进行有针对性地设计,要求施工设计时制订出一整套技术要求。

2. 试生产 试生产过程中应取得必要的现场数据,并形成一整套技术资料,总结整个项目的得失,以完善开发研究的各项成果。

试生产的主要步骤如下：

(1)单机试车及系统连动试运转。

(2)按中试工艺条件投料。

(3)连续试生产,标定系统的最大生产能力。

(4)核定系统的动力消耗。

(5)向操作者提供试车报告和操作规程。

(6)提供环境治理时必要的参数。

3. 染料产品主要检验标准

(1)GB/T 3671.1—1996《水溶性染料溶解度和溶液稳定性的测定》和 GB/T 3671.2—1996《水溶性染料冷水溶解度的测定》。

(2)GB/T 2390—2003《水溶性染料 pH 值的测定》。

(3)GB/T 4467—2006《染料悬浮液分散稳定性的测定》。

(4)GB/T 1639—2006《可溶性还原染料溶解度的测定》。

(5)GB/T 2381—2006《染料及染料中间体不溶物质含量的测定》。

(6)HG/T 3400—2001《染料颗粒细度的测定》。

(7)GB/T 5542—2007《染料 大颗粒的测定 单层滤布过滤法》。

(8)GB/T 2386—2006《染料及染料中间体 水分的测定》。

(9)HG/T 3399—2001《染料扩散性能的测定》。

(10)GB/T 5541—2007《分散染料 高温分散稳定性的测定 双层滤纸过滤法》。

(11)GB/T 5540—2007《分散染料 分散性能的测定 双层滤纸过滤法》。

(12)GB/T 2383—2003《染料 筛分细度的测定》。

(13)GB/T 6693—2009《染料 粉尘飞扬的测定》。

☞ **思考题**

1.分别写出两个国外活性染料专用属名和分散染料专用属名。

2.说出下列织物染色时可用哪几种染料?

涤棉混纺机织物、涤锦交织机织物、锦棉交织机织物、涤黏弹力针织物、毛涤混纺机织物、大豆纤维针织物、毛涤腈混纺机织物、天丝涤纶交织物、锦纶弹力泳衣、亚麻棉交织物。

3.杭州吉华染料厂按如下配方生产分散蓝 2BLN 染料:每吨市售的染料中配置纯染料250kg,添加分散剂 700kg,添加其他助剂 50kg,此分散染料的力份被该生产厂家标定为 100%。浙江三元集团第三印染厂要求杭州吉华染料厂将该染料的力份增加一倍。请问:如何调整染料生产配方?如果又有染厂要求杭州吉华染料厂将该染料的力份增加 50%,又将如何调整染料生产配方?

4.现有一未知力份染料,设计测试它的色光和力份的实验方案。

项目二　了解颜色

任务 1　光与色的基本概念

一、光与色

光是一种电磁波。它包括 γ 射线、X 射线、紫外线、可见光、红外线及无线电波等。它们具有不同的波长与频率,见图 2 – 1。

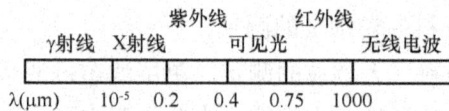

图 2 – 1　各种电磁波的波长范围

可见光波是人们肉眼所能见到的。它的波长范围在 380 ~ 780nm。只占电磁波中很小的一部分。太阳光是最主要的光源,它由不同波长的光波组成。通过棱镜可以得到红、橙、黄、绿、青、蓝、紫的连续光谱。凡能被分解为几种颜色的光称为复色光,太阳光即是复色光。单一波长的光称为单色光,每一单色光具有一定的波长和颜色。波长不同,颜色也不同。

在可见光范围内,一定波长的光与另一定波长的光,以适当的强度比例混合得到白光,这两种有色光称为互补色光。如波长在 435 ~ 480nm 的蓝色光与波长在 580 ~ 595nm 的黄光,以适当强度比例混合便得到白光。不同波长的光呈现的颜色及其补色如表 2 – 1 所示。

表 2 – 1　光谱色与补色

光的波长(nm)	光 谱 色	补 色
380 ~ 435	紫	黄绿
435 ~ 480	蓝	黄
480 ~ 490	绿蓝	橙
490 ~ 500	蓝绿	红
500 ~ 560	绿	紫和紫红
560 ~ 580	黄绿	紫
580 ~ 595	黄	蓝
595 ~ 605	橙	绿蓝
605 ~ 780	红	蓝绿

从一种颜色到另一种颜色是逐渐过渡的。因此,上列波段的分法只是一个大概的范围。

光谱色与补色是严格确定的,例如波长为700nm的红色光,它的补色必须是波长为495.5nm的青色光,而650nm的红色光则必须和495.3nm的青色光互为补色。太阳光的可见光部分,包含着全部可见光的各种波长,所以,它是由无数对互为补色的混合光所组成的。因此,太阳光看起来是白光。互补光的颜色成为互补色,如黄色与蓝色、红色与青色,即为两对互补色。

二、物体的颜色

自然界中大部分物质本身不发光,在黑暗中是不可见的。色是光作用于人眼所引起的一种视觉反映,没有光便没有色。当太阳光或其他光源照射到物体上以后,由于物体对光的反射、吸收及透射的能力不同,结果会发生以下几种情况:

(1)如物体能把可见光中所有不同波长的有色光全部吸收,该物体是黑色的不透明体。

(2)如可见光全部被物体反射,该物体是白色的不透明体。

(3)如可见光全部透过物体,则该物体呈现无色透明状。

(4)当物体对不同波段的可见光均匀地吸收,则物体呈现灰色。

在色度学中,白色、灰色、黑色统称为消色,它们都是物体对光波作非选择性吸收的结果。当物体选择性地吸收某一波段的光,则该物体显示吸收光的互补光的颜色。一块红布是因为它较多地吸收了蓝绿光部分,而较多地反射了红光部分。蓝绿光与红光互为补色。

不同光源所发出光的能量分布是不相同的,因此用不同的光照射同一有色物体,就有不同的颜色。一物体在太阳光下是黄色,因为它较多地吸收了太阳光中的蓝色部分,而在白炽灯下,由于白炽灯光谱中的蓝色部分本来能量很少,所以看起来近似白色。

三、朗伯—比尔(Lambert—Beer)定律及吸收光谱

1. 朗伯—比尔(Lambert—Beer)定律

$$A = \lg \frac{I_0}{I} = \varepsilon c l$$

式中:A——吸光度;

I_0——入射光强度,cd;

I——透射光强度,cd;

c——染液浓度,mol/L;

l——液层厚度,cm;

ε——摩尔吸光系数。

$\lg \dfrac{I_0}{I}$表示光线通过染液时被吸收的程度。如果光完全不被吸收,则$I = I_0$,$\lg \dfrac{I_0}{I} = 0$;如果吸收程度越大,则透射光强度I越小,$\lg \dfrac{I_0}{I}$值越大。当c、l一定时,摩尔吸光系数ε与吸收光程度$\lg \dfrac{I_0}{I}$成正比,吸收光程度越大,ε值越大;吸收光程度越小,ε值越小。一般把吸收光程度$\lg \dfrac{I_0}{I}$

称为吸光度(A),又称光密度。对特定的染料稀溶液,摩尔吸光系数 ε 是一个常数,它只随入射光的波长的改变而改变。一般染料在可见光范围内的最大摩尔吸光系数数值在几万到几十万之间,因此数值很大,往往用 $\lg\varepsilon$ 或 $\varepsilon\times10^{-3}$ 来表示。

2. 吸收光谱 以 ε 对可见光的波长 λ 作图,得到的曲线,称为吸收光谱曲线(图2-2)。从图2-2中可以得到一定结构物质与吸收光谱的关系。可以代表某一化学物质的结构特性。

由上图引入几个概念:

(1)吸收带:用以说明吸收峰在紫外可见光谱中的位置。

(2)最大吸收波长:每一吸收带都有一个与最大摩尔吸光系数 ε_{max} 对应的波长,称为最大吸收波长 λ_{max}。

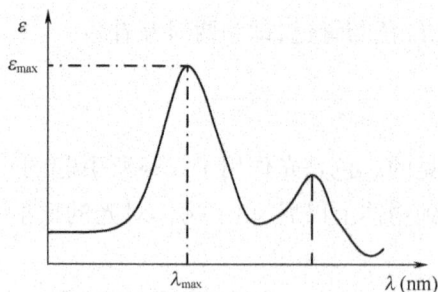

图2-2 染料的吸收光谱曲线

(3)积分吸收强度:整个吸收带的吸收采用积分吸收强度表示。

四、颜色的深浅、浓淡和鲜艳度

1. 颜色的深浅 颜色的深浅是对最大吸收波长而言的。λ_{max} 光的补色代表了吸收带的基本颜色。最大吸收波长越长,颜色越深;最大吸收波长越短,颜色越浅。红光波长最长,其补色(蓝光绿)颜色最深;紫光波长最短,其补色(黄色)最浅(图2-3)。

红移是指由于某些原因引起物体最大吸收波长向长波方向移动的现象,又称深色效应。蓝移是指物体最大吸收波长向短波方向移动的现象,又称浅色效应。

2. 颜色的浓淡 颜色的浓淡与物体对光的吸收强度 ε 有关。吸收强度或 ε 值越大,颜色越浓。使吸收强度增加的效应称浓色效应,又称增色效应。使吸收强度 ε 减小的效应称为淡色效应,也称减色效应。

3. 颜色的鲜艳度 从图2-4的吸收光谱曲线中可以看出,吸收峰既高又窄,说明物质分子对可见光吸收的选择性很强,较完全地吸收了某一波段的光,而对其他光涉及不多,其补色显得非常明亮、纯正,鲜艳度比较高。

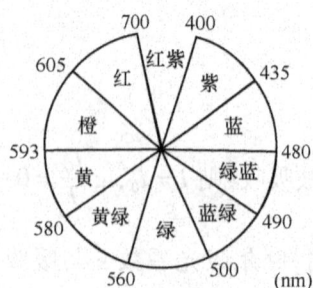

图2-3 色光光谱图

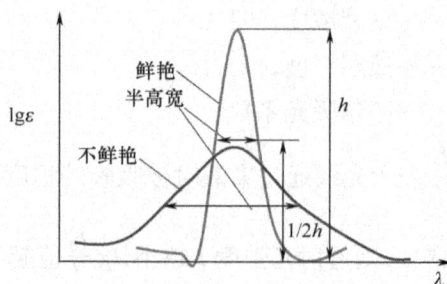

图2-4 不同的吸收光谱曲线比较图

任务 2　染料的发色理论

染料都是有色物,关于染料能产生颜色有多种解释,其中最典型的有两种理论,即发色团理论和现代发色理论。

一、发色团理论

该理论认为,染料之所以能产生颜色是跟染料的结构密切相关的。研究表明:染料分子中均含有能呈现颜色的发色基团或发色体,这些发色基团或发色体通常为一些含有双键的基团(如偶氮基—N═N—、亚乙烯基—CH═CH—、芳环等)相互连结所构成的不饱和共轭体系。同时,在染料分子结构中还含有助色团,助色团通常为一些极性基团,如氨基($-NH_2$)、硝基($-NO_2$)、羟基(—OH)、羧基(—COOH)等。助色团与发色团相连,可增加染料颜色的深度和浓度。

二、现代发色理论

该理论认为,染料产生颜色是跟染料分子轨道中电子的跃迁有关。染料分子中的电子在不同能量的分子轨道上运动,通常情况下,电子总是优先处在能量最低的分子轨道上运动,此时电子所处的状态称为基态,或称为稳定态。当受到光照后,染料分子中的电子吸收光能,就能从基态跃迁到能量较高的分子轨道上,此时电子所处的状态称为激发态。染料分子中不同的分子轨道都具有各自相应的能量。电子激发态与电子基态间的能量差就是电子跃迁所具备的能量,称电子跃迁能。当入射光的光子能量正好等于电子跃迁能时,这一光子的能量就能被电子吸收,完成电子的跃迁。电子的跃迁能可通过以下公式计算:

$$\Delta E = E_1 - E_0 = h\frac{C}{\lambda} \qquad \lambda = \frac{hC}{\Delta E}$$

式中:E_0——电子基态具有的能量;

　　E_1——电子激发态具有的能量;

　　C——光速(3×10^8 m/s);

　　h——普朗克常数(6.62×10^{-34} J·s);

　　ΔE——电子跃迁能。

不同波长光的光子能量(E)可通过以下公式计算:$E = h\frac{C}{\lambda}$

可见光的波长在 380～780nm,代入公式后可求得可见光的光子能量范围为:5.2×10^{-19} ～ 2.5×10^{-19} J。由于染料分子中电子的跃迁能恰好在可见光的光子能量范围内,因此它可以吸收可见光的光子能量进行跃迁,即染料可以对可见光进行选择性吸收,从而使染料可呈现出颜色。

任务3 染料分子结构与颜色的关系

影响染料颜色的因素主要有染料自身的结构和染料所处的外界条件。染料结构中的共轭双键的数目、共轭体系上所连基团的极性、染料内络合物的生成及染料的离子化等均会影响染料的颜色。

一、共轭体系对颜色的影响

（一）共轭体系的长短对颜色的影响

从表2-2~表2-4看出，λ_{max}和ε_{max}随共轭体系的增长，均有所增大，产生深色效应和浓色效应；共轭多烯烃随共轭链增长，$\Delta\lambda$减小，由于单双键的数量都增加，由键长变化引起的激发能的增加大大增加，抵消了共轭体系增长带来的深色效应，造成深色效应的效率下降；而奇数交替烃、多稠环化合物无此现象。对称奇数交替烃由于没有单双键的交替变化，延长共轭体系，不会引起深色效应。因此，对称奇数交替烃的深色效应不随共轭体系延长而减小。

表2-2 多烯烃的共轭体系$[\mathbf{H}\!\!-\!\!(\mathbf{CH}\!\!=\!\!\mathbf{CH})_{\overline{n}}\mathbf{H}]$长短与最大吸收波长

n	1	2	3	4	5	6	7	8
λ_{max}(nm)	165	217	268	304	334	364	390	410
$\Delta\lambda$(nm)		52	51	36	30	30	26	20

表2-3 奇数交替烃$[\mathbf{R_2N}\!\!-\!\!(\mathbf{CH}\!\!=\!\!\mathbf{CH})_{\overline{n}}\mathbf{CH}\!\!=\!\!\mathbf{N^+R_2X^-}]$长短对最大吸收波长

n	0	1	2	3	4	5
λ_{max}(nm)	224	323	422	522	622	722
$\Delta\lambda$(nm)		99	99	100	100	100

表2-4 多稠环的共轭体系长短对最大吸收波长及摩尔吸光系数的影响

共轭体系结构					
λ_{max}(nm)	255	285	384	480	580
$\Delta\lambda$(nm)		30	99	96	100
ε_{max}	230	316	7900	11000	12600

（二）隔离基对颜色深浅的影响

如果在分子中的某个基团致使分子的共轭体系发生断裂，则会发生浅色效应。此种基团有：

三聚氰酰基　　　　　　　　脲酰氨基　　　　　　　苯环间位

二、取代基对颜色的影响

（一）不饱和基团的影响

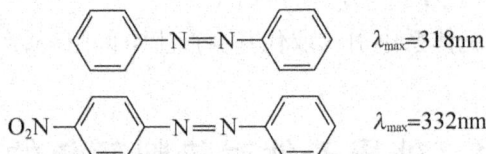

$\lambda_{max}=318nm$

$\lambda_{max}=332nm$

不饱和基与发色体系相连,增长了共轭链,产生深色效应。常见的不饱和基团有:—NO_2、

$\diagdown C = O$ 、—CH=CH—、—CN、—N=N—等,大部分为吸电子基团。

（二）饱和基团的影响

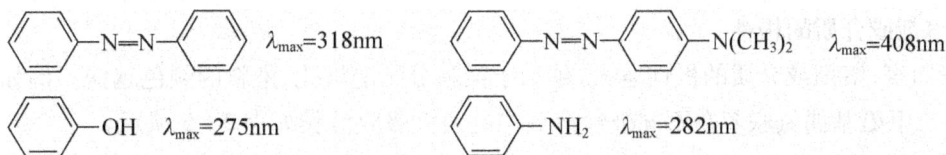

$\lambda_{max}=318nm$　　　　　　　　　　　$\lambda_{max}=408nm$

$\lambda_{max}=275nm$　　　　　　　　　　　$\lambda_{max}=282nm$

λ_{max}增加,产生深色效应,深色效应随着供电子能力增强而增大:—NR_2 > —NH_2 >
—OR > —OH > —CH_3,供电子基团数目增多也可以引起深色效应的加强。

（三）协同效应

如果在一个共轭体系的一端引入供电子基,另一端引入吸电子基,分子中形成供吸电子体
系,会造成更明显的深色效应,这种作用称为协同作用。供电子一边供电子能力加强,吸电子一
边吸电子能力加强,可以引起深色效应加强。

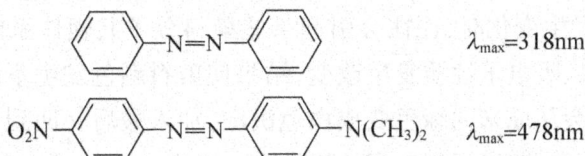

$\lambda_{max}=318nm$

$\lambda_{max}=478nm$

（四）取代基的位阻效应

从分子轨道理论,一个化合物中取代基与发色体的共轭体系中原子或基团处在同一平面,
才能使共轭体系中各个 π 电子云得到最大程度的重叠,产生最大的共轭效应。若引入的基团
由于立体阻碍,而妨碍它们处于同一平面,会使吸收带发生位移,同时吸收带强度降低,这种现
象称为位阻效应。两个取代基在相邻位置上往往会产生位阻效应。位阻效应对颜色的影响基
于对基态和激发态能级的影响。

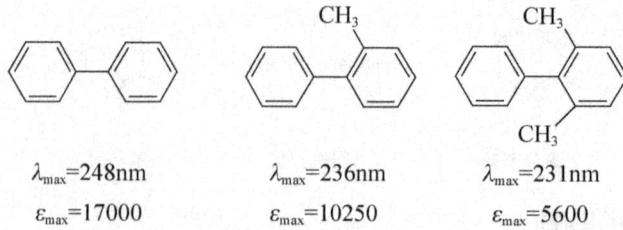

$\lambda_{max}=248nm$ $\lambda_{max}=236nm$ $\lambda_{max}=231nm$

$\varepsilon_{max}=17000$ $\varepsilon_{max}=10250$ $\varepsilon_{max}=5600$

在联苯分子的 2(2′) 或 6(6′) 位置上各接一个取代基,所得染料的最大吸收波长 λ_{max} 和半边分子的差不多,而 ε_{max} 则几乎为半边分子的两倍。

一般菁类染料分子的共轭体系中引入取代基会产生空间阻碍,产生深色效应。

任务4　外界条件对染料颜色的影响

溶剂或介质的极性、pH 值、染料浓度、温度和光等外界条件均会改变染料的存在状态,从而影响染料的颜色。

一、溶剂或介质的极性

一般而言,溶剂或介质的极性越大,越利于染料分子的极化,染料的颜色越深。例如:4-硝基-4′-二甲氨基偶氮联苯在不同极性溶剂中的最大吸收波长如表 2-5 所示。

表 2-5　溶剂极性对染料最大吸收波长的影响

溶剂	极性	λ_{max}（nm）
苯	无	447
甲醇	较小	475
二甲基甲酰胺	较大	505

二、pH 值的影响

当染料溶液 pH 值发生变化时,往往会引起某些染料分子共轭体系的改变,或者导致取代基离子化,使取代基的供、吸电子性质发生改变,结果使染料颜色发生不同程度的变化。例如,碱性品绿在碱性溶液中会从原来的绿色变成白色沉淀,加入酸后又回到原来的绿色。酚酞、甲基橙、刚果红等可选作为酸、碱指示剂应用的就是这一特性。

三、染料浓度的影响

染料浓度越大,染料聚集度越大,染料分子中电子跃迁能越大,染料最大吸收波长越短,染料颜色越浅。例如,结晶紫单分子态最大吸收波长（λ_{max}）为 583nm,它的二聚体最大吸收波长（λ_{max}）为 540nm。染料在纤维上聚集的程度也会影响织物颜色,用还原染料染色织物,经皂煮后色光发生变化就是这个道理。

四、温度的影响

染液的温度影响染液中染料的聚集度,从而影响染料的颜色。染液温度越高,染料聚集度越小,染料颜色越深。另外,有些染料的颜色会随着温度的高低产生可逆性变化,这一现象称为热变色性。如热致变色染料就具有这一特性。

五、光的影响

有些具有顺反异构体的染料,在常温下一般以稳定的反式结构存在,但在光照下,染料的反式结构会转变成顺式结构,当光源离开后,顺式结构又回复为反式结构。反式和顺式结构的染料对光的吸收波长不同,因而显示的颜色也不同。这种现象称为光致变色性,光致变色染料就是利用染料在光照射下结构发生变化而引起颜色的变化。

思考题

1."赤橙黄绿青蓝紫,谁持彩练当空舞? 雨后复斜阳,关山阵阵苍。"这里讲的"赤橙黄绿青蓝紫"指的是色谱还是光谱? 通常说某种染料色谱齐全,其主要含义指的是什么?

2.在平面几何学中,两角之和为180°,则该两角互为补角。在可见光中,也有互为补色的光。应该如何理解"互为补色的光"?

3.如何准确地描述一种颜色的基本特征? 通常用最大吸收波长表示颜色的哪一种基本特征? 简述大红和枣红两种颜色的基本区别。

4.朗伯—比尔定律在实际生活中有何应用?

项目三　染色认知

任务1　染色的基本过程

一、概述

按照现代的染色理论的观点,染料之所以能够上染纤维,并在纤维织物上具有一定牢度,是因为染料分子与纤维分子之间存在着各种引力的缘故,各类染料的染色原理和染色工艺,因染料和纤维各自的特性而有很大差别,不能一概而论,但就其染色过程而言,大致都可以分为三个基本阶段。

(一)吸附

当纤维投入染浴以后,染料先扩散到纤维表面,然后渐渐地由溶液转移到纤维表面,这个过程称为吸附。随着时间的推移,纤维上的染料浓度逐渐增加,而溶液中的染料浓度却逐渐减少,经过一段时间后,达到平衡状态。吸附的逆过程为解吸,在上染过程中吸附和解吸是同时存在的。

(二)扩散

吸附在纤维表面的染料向纤维内部扩散,直到纤维各部分的染料浓度趋向一致。由于吸附在纤维表面的染料浓度大于纤维内部的染料浓度,促使染料由纤维表面向纤维内部扩散。此时,染料的扩散破坏了最初建立的吸附平衡,溶液中的染料又会不断地吸附到纤维表面,吸附和解吸再次达到平衡。

(三)固着

是染料与纤维结合的过程,根据染料和纤维不同,其结合方式也各不相同。

上述三个阶段在染色过程中往往是同时存在,不能截然分开。只是在染色的某一段时间某个过程占主导而已。

二、染料在纤维内的固着方式

染料在纤维内固着可认为是染料保持在纤维上的过程。不同的染料与不同的纤维,它们之间固着的原理也不同,一般来说,染料被固着在纤维上存在着两种类型。

(一)纯粹化学性固色

指染料与纤维发生化学反应,而使染料固着在纤维上。例如:活性染料染纤维素纤维,彼此形成共价键结合。通式如下：

$$DRX + Cell\text{—}OH \longrightarrow DR\text{—}O\text{—}Cell + HX$$

式中：DRX——活性染料分子；

　　　X——活性基团；

　Cell—OH——表示纤维素纤维。

（二）物理化学性固着

由于染料与纤维之间的相互吸引及氢键的形成，而使染料固着在纤维上。许多染棉的染料，如直接染料、硫化染料、还原染料等都是依赖这种引力而固着在纤维上的。

任务 2　染料在染液中的基本形式

染色一般是在以水为介质的染液中进行的，染色用水的质量关系到染色加工的成败，配制染液应以软水为宜。

一、染料的电离

很多染料分子在水溶液中可以电离，电离后色素离子带阳离子的称为阳离子型染料。

$$DX \longrightarrow D^+ + X^-$$

式中：D^+——染料阳离子（一般为 $D\text{—}NH_3^+$）；

　　　X^-——阴离子（多数为 Cl^-、SO_3^-）。

染料电离后的色素离子带负电荷的称阴离子染料，如直接染料、活性染料、酸性染料等。

$$DM \longrightarrow D^- + M^+$$

式中：D^-——染料阴离子（$D\text{—}COO^-$、$D\text{—}SO_3^-$）；

　　　M^+——金属离子（一般为 Na^+）。

二、染料的溶解

当染料放入水中后，由于极性水分子的作用，使染料的亲水部分与水分子形成氢键结合，即发生水化作用，从而使染料分子进入水溶液中发生溶解。影响染料溶解性能的因素很多，主要有以下几个方面：

（一）染料的结构

主要影响因素，如电离基团的电离度，极性基团的极性强弱等，一般含—SO_3H、—OSO_3H、—COOH等水溶性基团的染料比含羟基、氨基等亲水性基团的染料溶解度好，含—SO_3H、—OSO_3H的比含—COOH 的染料溶解性好。

（二）溶液的 pH 值

如含—COOH 的染料分子在碱性条件下电离度较大;含—OH 的染料分子电离度较弱,但当 pH 值大于 10 时,电离度增加,溶解度提高;—NH$_2$ 在酸性条件下生成—NH$_3^+$ 而溶解。

（三）相对分子质量

相对分子质量大的染料,因染料分子间作用力较大,溶解度一般较高。

（四）其他外界因素

如加入助剂、温度等。

三、染料的分散

非离子型染料(如还原染料、分散染料等)在水中溶解度很小,习惯上称为不溶性染料,他们的实际使用浓度远大于溶解度,在水中主要借助于表面活性剂的作用,稳定地分散在溶液中,形成悬浮液。影响分散液稳定性的因素有:

（一）染料颗粒的大小

颗粒越小,分散液稳定性越好,因此染色时一般要求染料直径在 2μm 以下。

（二）温度

温度升高,颗粒热运动加剧,不利于分散液的稳定。

（三）中性电解质

加入中性电解质会使分散液稳定性降低。

四、染料的聚集

在染液中,由于染料离子之间或染料离子与分子之间会通过氢键或范德华力的作用,发生不同程度的聚集,使染液具有胶体性质。影响染料聚集倾向的因素有:

1. 染料分子结构　如果染料分子结构复杂,相对分子质量较大,具有同平面结构,含有能生成氢键的基团,这样染料分子聚集倾向较大(如直接染料、还原染料)。

2. 温度　温度升高,聚集倾向降低。

3. 染料浓度　染料浓度增大,聚集倾向增加。

4. 电解质　加入电解质,促进染料聚集。加入过多会破坏染料的胶体状态,染料发生沉淀。

随染料在染液内的条件不同,有以下三种形态:

(1)染料完全解离成离子(正或负):D^+ 或 D^-。

(2)染料离子聚集成离子胶束:nD^{n+} 或 nD^{n-}。

(3)带电荷的染料分子缔合态:$[m \cdot (DM) \cdot nD]^{n+}$ 或 $[m \cdot (DA) \cdot nD]^{n-}$。

综上所述:当染料投入水中后,由于染料的结构不同,染料或是电离,或是溶解,或是分散,或是部分溶解部分分散。电离或溶解后的染料又有可能聚集。所以,染液体是一个极为复杂的体系。但在该体系中只有单离子态或单分子态染料具有上染的能力。因此,提高染料的溶解度,控制染料聚集对染料上染尤为重要。

任务3 纤维在染液中的状态

一、纤维的吸湿和膨化

含亲水性基团的纤维被润湿时,水分子沿纤维的微隙进入无定形区。膨化后的纤维,染料容易进入其内部,纤维的结晶区越多,微隙越少,则纤维的吸湿性越低。如纤维素纤维的结晶区多于黏胶纤维,因此纤维素纤维的吸湿性比黏胶纤维低。

由于纤维的吸湿膨胀有利于染料的上染,因此,在染色前通常要先对纤维进行温水浸渍或汽蒸处理,使纤维充分吸湿膨胀,这不仅能提高染料的上染量,而且也有利于提高染品色泽的匀染性和鲜艳度。

二、纤维在染液中的电现象及其对染色的影响

(一)纤维在染液中带电的原因

纤维与染液接触时,在纤维的表面上通常会带有一定量的电荷。在中性或碱性条件下,纤维表面一般带有负电荷。纤维表面带电的原因有三种解释:其一是纤维分子中原有的羧基、磺酸基等基团在染液中发生了电离(如腈纶),或纤维分子中因氧化(如在漂白过程中)而产生的羧基在染液中发生了电离(Cell—COOH ——→Cell—COO⁻ + H⁺),使纤维表面带有负电荷;其二是纤维在染液中吸附了带负电的粒子,如氢氧根离子(OH⁻)等,使纤维表面带有负电荷;其三是由于纤维的介电常数小于染液的介电常数,由经验规则可知,在接触的两相之间,介电常数小的物质带负电,介电常数大的物质带正电,因此,在染液中纤维表面带有负电。

值得注意的是,对于既带酸性基(羧基),又带碱性基(氨基)的两性纤维,其所带电荷的电性与染液的 pH 值有关。当染液的 pH 值高于等电点时,纤维上的羧基电离,纤维带负电;当染液的 pH 值低于等电点时,纤维上的氨基离子化,纤维带正电;当染液的 pH 值等于等电点时,纤维的正、负电性相等,这时纤维呈电中性。

(二)界面动电现象和动电层电位

纤维在染液中,由于其表面带有电荷,因此染液中带电离子通常会受到两个方面作用力的作用,其一是受到纤维表面电荷的静电力作用,当染液中的带电离子所带电荷与纤维所带电荷电性相反时,其静电力为引力,带电离子有靠近纤维表面的趋势。当染液中的带电离子所带电荷与纤维所带电荷电性相同时,其静电力为斥力,带电离子有远离纤维表面的趋势;其二是由于带电离子自身的热运动和染色时的搅拌作用,有使带电离子分布均匀的趋势。两种作用力的综合作用的结果,使得带有与纤维表面电荷电性相反的离子,浓度随着与纤维表面距离的增加而逐渐降低,直到和染液深处一样。相反,带有与纤维表面电荷电性相同的离子,浓度随着与纤维表面距离的增加而逐渐提高,直至和染液深处一样。

进一步研究表明,纤维表面能强烈地吸附部分带有与纤维表面电荷电性相反的离子,形成所谓的吸附层或固定层。当在外力的作用下,纤维和染液发生相对运动时,吸附层一般与纤维表面不发生相对位移。吸附层以外的部分称为扩散层,当纤维与染液发生相对运动时,扩散层与纤维(或吸附层)能发生相对位移。即纤维对外部相反离子的吸附形成了两层,这就是界面双电层。吸附层表面与染液深处间的电位差称为动电层电位,或称 ξ 电位,如图 3 - 1 所示。在外力作用下,吸附层和扩散层之间的相对运动的现象称为界面动电现象。

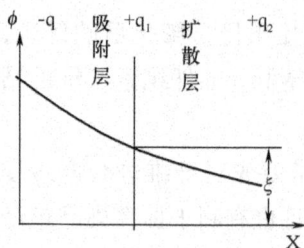

图 3 - 1　界面双电层和动电层电位

总之,由于纤维在染液中的带电现象将影响染料的上染,具体体现为:当染料与纤维带有相同电荷时,不利于染料的上染;当染料与纤维带有相反电荷时有利于染料的上染。

(三)染色体系中的盐效应

所谓盐效应是指在染色过程中加入中性电解质后对染料上染(如上染速率、上染百分率等)的影响。染色体系中的盐效应一般有两种,一种称为促染效应,即在染色过程中加入中性电解质能加速染料的上染;另一种称为缓染效应,即在染色过程中加入中性电解质能延缓染料的上染。

当染料与纤维带有相同电荷时,在该染色体系中加入中性电解质,通常能加速染料的上染,即盐效应为促染效应。中性盐在该染色体系中具有促染效果,是因为在染液中加入中性电解质(通常为氯化钠或硫酸钠)后,染液中钠离子(Na^+)和氯离子(Cl^-)(或硫酸根离子)的浓度提高,由于静电力的作用,使得带有与纤维相反电荷的离子(Na^+)在纤维表面附近的溶液内的浓度比距离纤维表面较远的溶液内的浓度高,带有与纤维相同的离子(Cl^- 或 SO_4^{2-})在纤维表面附近的溶液内的浓度比距离纤维表面较远的溶液内的浓度低。纤维对带有相反电荷的钠离子的吸引,中和了纤维所带的部分电量,从而降低了动电层电位的绝对值,减小染料离子与纤维表面间的静电斥力,即降低了染色活化能。同时纤维表面所带电量的下降,减弱了纤维表面的吸附力,使纤维表面的吸附层变薄,从而缩短了染料在纤维表面吸附层内的扩散时间。

当染料与纤维带有相反电荷时,在该染色体系中加入中性电解质,通常能延缓染料的上染,即盐效应为缓染效应。其原因是纤维对带有相反电荷的钠离子的吸引,中和了纤维所带的部分电量,降低了动电层电位的绝对值,从而减小染料离子与纤维表面间的静电引力,即降低了染色时纤维与染料间的吸引力。

在实际染色过程中,人们经常通过染色盐效应来调节、控制上染速率,从而达到或是提高上染率,或是提高匀染性的目的。当染料与纤维带有相同电荷时,通过盐的促染效应,提高上染速率,可达到提高上染率的目的;当染料与纤维带有相反电荷时,通过盐的缓染效应,降低染料的上染速率,可达到提高染色匀染性的目的。

在染色体系中,当纤维相同时,影响盐效应的因素主要有染料结构和盐的种类两个方面。其中,染料结构对染色盐效应的影响主要取决于染料相对分子质量的大小和染料结构中所含电性基团的数目。一般而言,染料所带电荷与质量之比(简称荷质比)越大,盐效应越明显;盐对染色盐效应的影响主要取决于盐中金属离子的化合价和离子半径的大小。实验表明,常见金属离子的促染效果的顺序为:$Na^+ < K^+ < Mg^{2+} < Ni^{2+} < Mn^{2+} < Zn^{2+} < Al^{3+}$。

任务4　染色基本概念

一、染色平衡

在染色过程中,当染料由染浴中被纤维吸附(上染)的速度与它从纤维上解吸速度相等时,染料在纤维上的吸附量不再随时间的延长而增加,就达到了染色平衡,此时染料在纤维相与在染浴相的化学位相等。染色平衡应该包括两方面的平衡:染浴中染料浓度与纤维表面的染料浓度保持平衡和纤维表面与纤维内部染料浓度保持平衡。影响染色平衡的因素很多,主要有:纤维与染料本身的影响;外界条件(温度、外加电解质、pH 值等);染液的循环。

二、吸附等温线

吸附等温线是指在定温度下,染色达到平衡时纤维上的染料浓度与染料在溶液中浓度的分配关系曲线如图 3 - 2 所示。

吸附等温线主要有以下几种形式:

(一)分配型吸附等温线

分配型吸附等温线又称能斯特(Nernst)型或亨利(Henry)型吸附等温线。这种等温线完全符合分配定律,即在染色平衡状态下,染料在纤维上的浓度与染料在染液中的浓度之比为一常数,纤维上的染料浓度随着染液浓度的增加成比例增加,直至饱和。分配型吸附等温线符合以下经验公式:

$$[D]_f = K[D]_s$$

图 3 - 2　吸附等温线
1—分配型吸附等温线
2—弗莱因德利胥等温线
3—朗格缪尔吸附等温线

式中:$[D]_f$——表示染色平衡时,纤维上的染料浓度,mol/kg;

$[D]_s$——表示染色平衡时,染液中的染料浓度,mol/L;

K——表示比例常数,或称分配系数。

如果以 $[D]_f$ 为纵坐标,以 $[D]_s$ 为横坐标作图,可得到一斜率为 K 的直线,如图 3 - 2 中曲线 1 所示。这种吸附可看成是一种溶质在两种不相溶的溶剂中的分配关系,染料的上染可看成是染料在纤维中的溶解,因此,该上染机理又称为固溶体机理。非离子型染料以范德华力、氢键被纤维吸附固着符合这种等温线。如分散染料染涤纶、腈纶、锦纶等合成纤维基本上属于这种吸附。

(二)弗莱因德利胥(Freundlich)吸附等温线

弗莱因德利胥吸附等温线符合以下经验公式:

$$[D]_f = k[D]_s^n \qquad (k \text{ 为常数},0 < n < 1)$$

将 $[D]_f$ 对 $[D]_s$ 作图,可得弗莱因德利胥吸附等温线,如图 3 - 2 中曲线 2 所示。弗莱因德利胥等温线的特点是:$[D]_f$ 随 $[D]_s$ 的增加而增加,但 $[D]_f$ 的增加幅度随着 $[D]_s$ 的增加逐趋缓

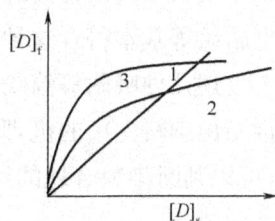

慢。这种吸附属多分子层物理吸附,因此,该上染机理又称为多分子层吸附机理。离子型染料以范德华力和氢键被纤维吸附固着,且染液中有其他电解质存在时符合这种等温线。如直接染料、还原染料隐色体染纤维素纤维等基本属于这种机理。

(三)朗格缪尔(Langmuir)吸附等温线

朗格缪尔吸附等温线符合以下公式:

$$\frac{1}{[D]_f} = \frac{1}{k[D]_s \cdot [S]_f} + \frac{1}{[S]_f}$$

因此

$$[D]_f = \frac{1 + k[D]_s}{k[D]_s \cdot [S]_f}$$

式中:K——常数;

$[S]_f$——染料对纤维的染色饱和值。

将$[D]_f$对$[D]_s$作图可得朗格缪尔吸附等温线,见图3-2中曲线3所示。朗格缪尔吸附等温线的特点是:$[D]_s$增加时,$[D]_f$随之缓慢增加,但当$[D]_s$增大到一定值时,$[D]_f$不再随$[D]_s$增加而变化,即达到染色饱和值。这种吸附属于化学定位吸附,该上染机理又称为成盐机理。离子型染料以离子键被纤维定位吸附固着时符合这种等温线。如强酸性染料染羊毛、阳离子染料染腈纶等基本符合这种吸附。

上述几种吸附等温线是理想状态,实际情况更为复杂。但通过吸附等温线的状态,我们可以推断出染料上染的机理,并据此对上染过程进行正确的控制。根据吸附等温线的斜率的变化,可以判断染料合理的用量范围,以提高染料利用率。

三、染色速率

染色中通常用上染速率或染色速率来表示上染或染色的快慢。染色速率通常用半染时间($t_{1/2}$)来衡量。半染时间是指染色过程中,染料的上染量达到平衡上染量一半时所需的时间,显然,半染时间越小,则染色速率越快,上染越快。在恒定温度条件下染色,通过测定不同染色时间下染料的上染百分率,以上染百分率为纵坐标,染色时间为横坐标作图,得到的曲线称为上染速率曲线(Rate of dyeing isotherms),反映了染色趋向平衡的速率和染色平衡上染百分率。如图3-3所示。

图3-3中两种染料的平衡上染百分率相差较大,但它们的半染时间($t_{1/2}$)相同,即上染速率相同。影响染色速率的因素主要有染料的结构、纤维的性态、染色温度、染料浓度、染液与纤维间的相对运动和助剂的性质等。一般而言:染料结构简单,相对分子质量小,染料扩散性好,染色速率快;纤维结构疏松,无定形区大,吸湿膨化性好,利于染料扩散,染色速率快;染色温度高,染料动能大,纤维膨化度大,利

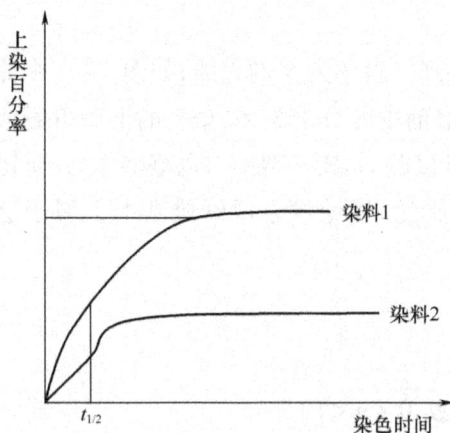

图3-3 半染时间相同的两种
染料的上染速率曲线

于染料扩散,染色速率快;染料浓度大,纤维表里染料浓度差大,利于染料扩散,染色速率快;染液与纤维间的相对运动剧烈,纤维表面吸附层薄,利于染料扩散,染色速率快;染液中加入促染剂时,染色速率快,染液中加入缓染剂时,染色速率慢。

四、平衡上染百分率和上染百分率

(一)平衡上染百分率

平衡上染百分率(A_∞)即染色达到平衡时,纤维上的染料量占投入染浴中染料的百分数。其数学表达式如下:

$$A_\infty = D_{f\infty}/D_T \times 100\% = D_{f\infty}/(D_{f\infty} + D_{s\infty}) \times 100\%$$

式中:A_∞——染色平衡上染百分率;

$D_{f\infty}$——染色平衡时纤维上的染料量;

$D_{s\infty}$——染色平衡时残留在染液中的染料量;

D_T——染色时投入染液中的染料总量。

当纤维和染料一定时,平衡上染百分率仅与染色温度有关。由于染色是放热反应,因此,提高染色温度,平衡上染百分率将下降。在实际染色中很少能达到染色平衡,故通常用上染百分率(A_t)来表示染料利用率的高低。

(二)上染百分率

上染百分率(A_t)即上染到纤维上的染料量占染料总量的百分数。其数学表达式如下:

$$A_t = D_{ft}/D_T \times 100\% = D_{ft}/(D_{ft} + D_{st}) \times 100\%$$

式中:A_t——染色上染百分率;

D_{ft}——染色至某一时间时纤维上的染料量;

D_{st}——染色至某一时间时残留在染液中的染料量;

D_T——染色时投入染液中的染料总量。

上染百分率除了取决于染料与纤维的性能外,还与染色的温度、浴比、染料浓度、染液中的助剂种类和用量等因素有关。一般而言,染料分子量小,染色速率快,在规定的染色时间内能达到染色平衡,提高染色温度会降低染料的上染百分率;相反,染料分子量大,染色速度慢,在规定的染色时间内不能达到染色平衡,提高染色温度能提高染料的上染百分率。染色浴比越大,染色结束时遗留在染色残液中的染料量越多,染料的上染百分率越低。染液浓度当达到一定值时,染料的上染百分率一般会随着染料浓度的提高而下降。

五、直接性和亲和力

(一)直接性

直接性是指染料自染液上染纤维的能力。它来源于染料分子和纤维大分子之间的相互作用力。不仅与染料、纤维有关,还与外界因素,如染液浓度(C)、染色温度(T)、助剂等有关。

直接性的概念较为含糊,没有明确的数据表示其大小。直接性用于表示染料上染纤维的性能或染料与纤维分子之间作用力的大小,一般用染料上染纤维达到平衡时的上染百分率来衡量。

(二)亲和力

亲和力是染料在纤维上的标准化学位与染料在溶液中的标准化学位之差。表示染料上染趋势的倾向大小,可用热力学数据表示。亲和力越大,染料从溶液转移至纤维的趋势越大。亲和力的单位用 J/mol 表示。其值大小仅与染料、纤维有关。

六、匀染和移染

(一)匀染

匀染是指染料在纤维上均匀分布的过程。它包括染料在纤维表面的均匀分布和染料在纤维内部的均匀分布,习惯又把前者称为匀染,后者称为透染。染料在纤维表面分布不匀,会产生色差或色花;染料在纤维内部分布不匀,会产生环染或白芯,它将影响染品的耐摩擦牢度和耐洗牢度。染料的匀染性与染料的扩散性有着密切的关系,染料扩散越好,染料的匀染性越好。因此,有利于提高染料扩散性的因素均将有利于染料的匀染。

(二)移染

移染是指染料从纤维上某处解吸下来到纤维另一处重新上染的过程。移染一般需要较长的时间,故经济性较差,只能作为匀染的辅助手段,且当染料相对分子质量较大,染料与纤维间结合力较大时,移染效果将大大降低。

七、促染与缓染

(一)促染

当染料与纤维带有相同电荷时,加入中性电解质后,钠离子使纤维所带的部分电荷被中和从而降低了染料与纤维间的斥力,因此起促染效应。当用阴离子染料染带负电荷的纤维,如活性染料染棉时加中性电解质起促染效应;用酸性染料染蛋白质纤维时加酸也起促染作用。

(二)缓染

当染料与纤维带有相反电荷是加入中性电解质后,钠离子使纤维所带的部分电荷被中和从而降低了染料与纤维间的引力,因此起缓染效应。用酸性染料染蛋白质纤维时加中性电解质起缓染效应;阳离子染料染腈纶加酸起缓染作用。另外,还可通过加缓染剂来达到缓染目的,如还原染料染纤维素纤维时加入平平加 O 和阳离子染料染腈纶加 1227。

☞ 思考题

1. 何谓染色盐效应?说明盐效应的种类及其原理。
2. 纤维的染色过程通常分为哪几个阶段?它对染色起何作用?
3. 何谓上染百分率?它在染色中有何实际意义?影响上染百分率的因素有哪些?
4. 纤维在染液中发生了哪些变化,它们对染色有何影响?

项目四　纤维素纤维制品染色

任务1　直接染料染色

直接染料一般能溶解于水,也有少数染料要加一些纯碱帮助溶解,它可不依赖其他助剂而直接上染棉、麻、丝、毛和黏胶等纤维,所以叫直接染料。

直接染料色谱齐全,色泽鲜艳,价格低廉,染色方法简便,但最大的缺点是这类染料的染色牢度大部分都不够好,针对染色牢度较差的缺陷,人们作了许多研究,例如采用化学药品把已经染上颜色的布进行后处理,提高色布的耐洗和耐晒牢度;也有采用新型的交联固色剂来提高染色织物的后处理牢度。除此之外,也发现和研制了一些新染料品种,如直接耐晒染料和直接铜盐染料等。目前,对于如何提高直接染料的湿处理牢度,还在进一步的探索之中。

一、直接染料的结构

直接染料的品种很多,其化学结构大多含磺酸基或羧基的偶氮化合物,只有一部分为不含偶氮基的杂环系统的磺酸盐或羧酸盐,有些直接染料则是铜的络合物。

具有偶氮结构的直接染料,以双偶氮和三偶氮占多数,如:

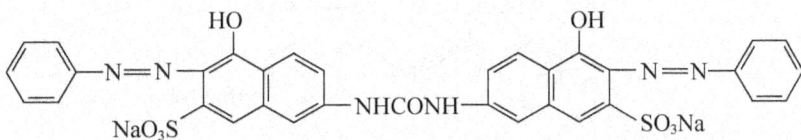

直接橙S

具有偶氮结构的直接染料中,很多是联苯胺、二氨基二苯乙烯等的衍生物,有的则含有二芳基脲、三聚氰胺等结构。联苯胺类直接染料在整个直接染料中占有相当的比例,它们的色谱齐全,但近年来发现它的中间体——联苯胺有致癌性,因而在应用中应引起注意。

在偶氮直接染料中有一部分具有水杨酸结构,或在偶氮基的两端邻位上各有一个羟基、氨基、羧基等基团,它们能与金属络合生成含金属的直接染料。含金属的直接染料包括:铜盐直接染料和铜络合直接染料两种。所谓铜盐直接染料是指染色后经铜盐后处理,可显著提高染色牢度的一类直接染料,如直接铜盐蓝 GL:

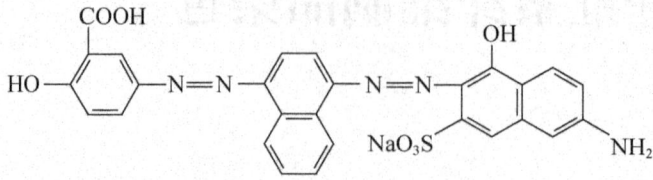

所谓铜络合直接染料,是指某些已络合铜的染料,如直接耐晒棕 BRS:

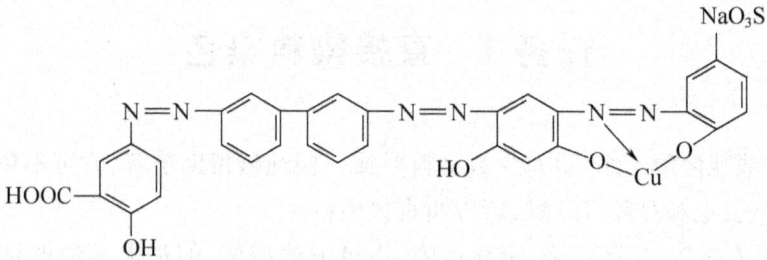

铜络合直接染料具有良好的日晒牢度,应用方便。铜盐直接染料和铜络合直接染料,它们与金属络合后,水溶性降低,化学稳定性提高,染色性能有了改进,湿处理牢度和日晒牢度都有不同程度的提高。但染料与金属络合后,也引起了色泽的变化,使色光偏暗。直接染料中还有一些不含偶氮基的杂环类染料,它们对纤维素纤维具有一定的亲和力,其中主要的为酞菁类。如直接翠蓝 GL:

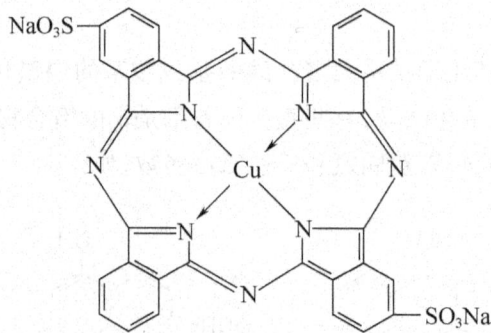

含有这类结构的直接染料,为鲜艳的蓝色或蓝绿色,具有较好的日晒牢度。从以上所列的各种直接染料的结构可以看出,它们都具有如下特征:

(1)染料分子结构中,都含有磺酸基或羧酸基。

(2)染料的分子较长,呈直链形,并有较大的对称性。

(3)染料分子的各个基团,都处在一个平面上,相对分子质量也较大。

(4)染料分子具有很多共轭双键。

(5)染料分子中具有能与纤维素纤维分子中的羟基形成氢键的基团。

这些特征是直接染料必须具备的条件,它们与染料对纤维素纤维的直接性有着密切的关系(磺酸基或羧酸基主要决定直接染料的溶解度,同时也对亲和力有一定的影响)。直接染料的上述后几点特征,能使这类染料与纤维之间具有直接性。如分子的直链越长,平面性越好,共短双链越多,以及能与纤维分子上的羟基形成氢键的基团越多,则染料对纤维的亲和力越大;反之,亲和力越低。

二、直接染料的染色性能

直接染料都溶于水,溶解度随温度的升高而显著增大,随分子结构中所含水溶性基团的增多而增大。溶解度差的直接染料可加一些纯碱助溶。

直接染料不耐硬水,大部分能与钙盐或镁盐结合生成不溶性沉淀,因此,必须采用软水染色。如果采用硬水,则需先用纯碱或六偏磷酸钠将水进行软化后再用。纯碱的加入能使水软化,但也能增大染料的溶解度,所以用量不可过多,否则会使染料上染缓慢。

直接染料在染液中是呈色素阴离子上染纤维的,它在染浴中随各染料化学结构的差异,以及染色条件的不同而发生不同程度的聚集。在染色过程中染料阴离子不断地向纤维内部扩散,聚集被不断破坏。

直接染料的染色速率各不相同,且其差异很大。上染速率很高而亲和力较低的染料,匀染情况良好,在水中的聚集程度很低,水洗牢度比较差;染色速率较低而亲和力较高的染料,匀染性能比较差,在水中聚集的倾向较大,水洗牢度较好。

由于上述原因,温度对于不同染料的影响各不相同,对染色速率较高的染料,如直接冻黄 G 在 1h 的染色时间内,当温度在 40~50℃时上染最多,温度再升高上染百分率反而降低。而染色速率较低的染料,如直接坚牢黄 3G,就需要在近沸点的条件下染色,才能获得较高的上染百分率。

直接染料染纤维素纤维时,染浴中加入食盐或元明粉后可起促染作用。其促染的情况视染料的不同而不同。对染色速率较低,分子中含磺酸基越较多的染料,食盐的效应比较显著;对染色速率虽低,但吸尽百分率较高的染料,食盐较元明粉的效应小;对上染速率很高的染料,食盐虽也起促染作用,但影响很小。直接染料染色中经常使用的促染剂为食盐和元明粉。实践证明,选用元明粉作促染剂能得到较鲜艳的色泽,而食盐的效果较差,这与食盐的纯净度有关。

三、直接染料的应用分类

(一)匀染性直接染料

染料分子结构较简单,聚集倾向较小,亲和力较小,扩散速率较高,匀染性好,食盐的促染作用不显著,染色易达到平衡,染色温度的升高会降低平衡上染百分率,因此染色温度不宜太高,一般在 70~80℃染色即可。这类染料的湿处理牢度较低,一般仅适宜染淡色。

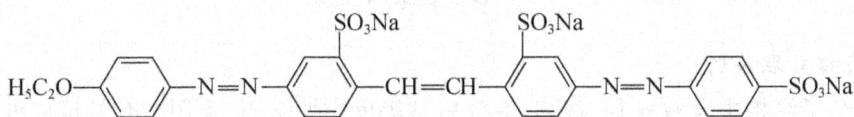

$$H_5C_2O-\!\!\!\!\!\bigcirc\!\!\!\!\!-N\!\!=\!\!N-\!\!\!\!\!\bigcirc\!\!\!\!\!\overset{SO_3Na}{}\!\!\!\!-CH\!\!=\!\!CH-\!\!\!\!\!\bigcirc\!\!\!\!\!\overset{SO_3Na}{}\!\!\!\!-N\!\!=\!\!N-\!\!\!\!\!\bigcirc\!\!\!\!\!-SO_3Na$$

直接冻黄 G

（二）盐效应直接染料

染料分子结构比较复杂，分子中含有多个水溶性基团，对纤维的亲和力较高，染料在纤维内的扩散速率较低，匀染性较差，食盐等中性电解质对这类染料的促染效果显著。

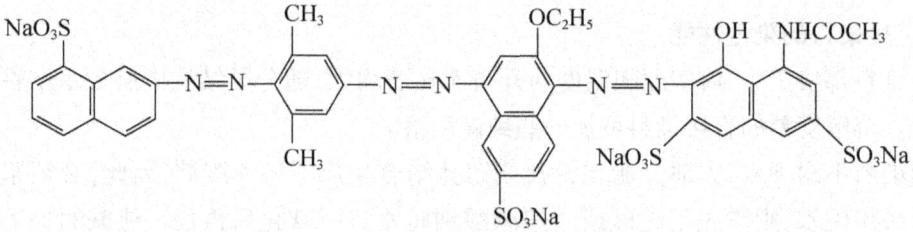

直接耐晒绿BB

（三）温度效应直接染料

染料分子结构复杂，对纤维的亲和力高，扩散速率低，匀染性较差。染料分子中含有的磺酸基较少，盐效应不明显，上染百分率一般随染色温度的升高而增加。

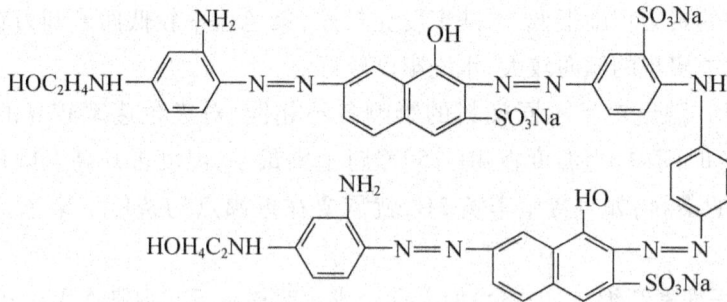

直接灰AC

（四）直接混纺染料

直接混纺染料也称为直接 D 型染料，这类染料对纤维素纤维有较高的上染率，湿处理牢度、色泽鲜艳度及与其他染料的配伍性较常规直接染料好。与分散染料有较好的相容性，适合与分散染料对涤棉混纺织物一浴一步法染色。

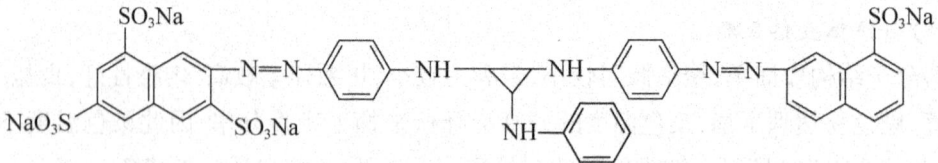

直接混纺黄D-RL

（五）直接交联染料

染料的分子结构中含有氨基、羟基、取代氨基等反应性基团，采用配套的反应性阳离子固色剂可在染料与纤维之间形成交联。这类染料得色均匀，染色重现性好，湿处理牢度高，并兼有树脂整理的效果,而且甲醛含量低。

四、直接染料染纤维素纤维的染色工艺
染色方法有浸染、卷染、轧染。

(一)浸(卷)染工艺
1. 工艺流程

浸染:化料→浸染→水洗(→固色处理)→脱水→烘干

卷染:化料→卷染→水洗(→固色处理)→上卷→烘干

2. 工艺处方　直接染料卷染处方及工艺如表4-1所示。

表4-1　直接染料卷染处方及工艺

处方及工艺	浅色	中色	深色
染料(%,owf)	<0.5	0.5~2	2~5
纯碱(g/L)	0.5~1	1~2	1.5~2
食盐(g/L)	—	0~3	3~12
浴比	1:(20~30)	1:(15~20)	1:(10~15)

3. 工艺条件

染色温度:甲类:70~80℃;乙类:80~90℃;丙类:90~100℃。

染色时间:30~60min(或6~8道)。

4. 操作注意事项

(1)化料时先用热软水调浆,再用热软水稀释,必要时可加润湿剂。

(2)卷染为防头尾色差,染料应分次加入,温度由高到低。

(3)为确保染色均匀,促染剂应在染色时间过半后加入。

(4)为了提高染料的利用率可采用续缸染色。续缸染色时,染料用量一般为初缸的75%,助剂用量为初缸的30%。

(二)轧染工艺
1. 工艺流程

浸轧染液→汽蒸→水洗→(固色处理)→烘干

2. 工艺处方

　　　　染料　　　　　　　　　　　　　　　　　　0.2~10g/L

　　　　纯碱(或磷酸三钠)　　　　　　　　　　　0.5~1.0g/L

　　　　润湿剂　　　　　　　　　　　　　　　　　2~5g/L

3. 工艺条件　浸轧方式:二浸二轧;轧液温度:40~60℃;轧液率:85%;汽蒸温度:100~102℃;汽蒸时间:40~60s。

4. 操作注意事项

(1)轧染匀透性较差,需加入匀染剂。

（2）布面应保持中性（pH 值为 7～8.5），否则影响色光。

（3）浸轧槽宜小，以保持染液新鲜。

（4）汽蒸时用食盐及少量染液作液封口，防染料溶落。

（5）初开车时，浸轧槽内应兑水冲淡，防头深现象，兑水率一般为 25% 左右。

$$兑水率 = （兑水体积/正常染液体积）\times 100\%$$

五、直接染料对其他纤维的染色

（一）对蚕丝织物的染色

（1）光泽、颜色鲜艳度、手感不及酸性染料染色，很少单独应用。

（2）弥补酸性染料和活性染料色谱的不足，如黑、翠蓝、绿等。

（3）在弱酸性或中性条件下进行，以中性浴染色较多。

（4）染色工艺与染纤维素纤维相似。在近沸下保温染色 60min，后水洗即可。

（二）对锦纶的染色

（1）在锦纶中扩散性能较差，容易造成环染，匀染性较差，遮盖性差，上染率低，颜色不鲜艳。

（2）多与酸性染料或中性染料拼染。

（3）在弱酸性或中性条件下进行，以弱酸浴染色较多。

（4）染色时在 40～50℃ 开始染色，以 1～2℃/min 的升温速度升到 100℃，保温 20～40min。染色后将温度缓慢降到 50℃ 后水洗出机。

（三）对羊毛的染色

（1）多用于羊毛与纤维素纤维混纺织物。

（2）宜与弱酸染料拼混染色。

（3）染色工艺同弱酸性染料。

六、直接染料的固色处理

直接染料可溶于水，上染纤维后，仅仅依靠范德华力和氢键固着在纤维上，当染色物与水接触时，染色物上部分的染料便有可能重新溶解、扩散在水中，因而直接染料的湿处理牢度较低。根据直接染料的分子结构，采用不同的后处理方法，可以使染色牢度得到一定程度的提高。处理的方法很多，常用的方法有金属盐和固色剂后处理法。

（一）金属盐后处理

当直接染料分子中具有能与金属离子络合的结构，染色织物用金属盐处理后，纤维上的染料与金属离子生成水溶性较低的稳定的络合物，从而提高染色物的湿处理牢度。常用的金属盐有铜盐和铬盐，其中常用的为铜盐，例如硫酸铜、醋酸铜以及专门用于固色处理的铜盐 B。因此，把这类染料称为直接铜盐染料。铜盐处理后，颜色一般较未处理时略深且暗，所以一般适用于深浓色品种。铜盐用量随织物上染料的多少和处理浴比大小而定，但要维持固色液中的固色剂浓度。铜盐用量不足，不能使染料完全络合；用量过多，染色物上多余的铜盐洗除较困难。金属盐后处理条件举例如下：

硫酸铜　0.5%～2.5%(owf)

30%醋酸　2%～3%(owf)

温度50～60℃,时间15～30min,浴比1∶(10～15),固色后要充分水洗。

(二)阳离子固色剂后处理

直接染料是阴离子染料,当用阳离子固色剂处理时,固色剂虽然品种较多,但共同特点是分子结构中都含有阳离子基,固色剂阳离子能与染料阴离子结合,封闭了直接染料的水溶性基团而生成沉淀,从而提高染色物的湿处理牢度。

1.普通阳离子型固色剂　普通阳离子型固色剂包括阳离子表面活性剂型固色剂和非表面活性剂季铵盐型固色剂两类,阳离子表面活性剂型固色剂能与染料分子中的磺酸基或羧酸基结合,生成分子量较大的难溶性化合物沉积在纤维内,从而提高被染物的湿处理牢度,阳离子固色剂和染料阴离子的作用可用下式表示:

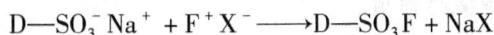

$$D—SO_3^- Na^+ + F^+ X^- \longrightarrow D—SO_3 F + NaX$$

非表面活性剂季铵盐型固色剂的分子结构中含有两个或两个以上的季铵基团,季铵基团不与烷基相连,而与芳环或杂环相连,不具有表面活性,固色机理与阳离子表面活性剂型固色剂相同,由于含有多个阳离子基,固色效果好于阳离子表面活性剂型固色剂,且对耐晒牢度影响较小。

总而言之,阳离子表面活性剂型固色剂和非表面活性剂季铵盐型固色剂对各种结构的直接染料都适用,处理方法简便,处理后没有显著的颜色变化,但固色效果却不及树脂型固色剂和反应型固色剂,因此应用较少。

2.树脂型固色剂　树脂型固色剂是分子量较高的聚合物或树脂初缩体,分子结构中含有多个阳离子基,与直接染料的水溶性基团作用降低了染料的溶解度,并能在烘燥时在织物表面生成树脂薄膜,从而提高了染色产品的湿处理牢度。

3.反应型固色剂　反应型固色剂也称为阳离子交联固色剂,多为无甲醛固色剂,是目前应用较多的新型固色剂,分子结构中既含有能与纤维键合的活性基团,又含有能与染料阴离子结合的阳离子基团,固色时固色剂中的反应性基团既能与染料中的—OH、—NH$_2$、—SO$_2$NH$_2$发生交联反应,又能与纤维素纤维、蛋白质纤维或聚酰胺纤维的—OH、—NH$_2$反应,将染料通过固色剂与纤维形成共价键结合,固色剂自身之间也能进行交联反应,因而使染色织物获得较高的染色牢度。这类固色剂的固色条件随固色剂结构,特别是反应性基团的不同而不同,如交联固色剂DE的固色处理条件如下:

交联固色剂DE 1%～2%(owf);浴比1∶(10～15),温度50～55℃,时间20～30min。

☞ **思考题**

1.直接染料分子结构较大,为了提高它的溶解性,我们在化料时通常应采用一些什么措施?

2.直接染料不耐硬水,在硬水中易发生沉淀,影响染料的利用率,并造成色斑、色点等疵病,请问用什么方法能够减少此类疵病的产生?

3.直接染料浸染染色工艺流程中有一步固色,请问这一步的目的是什么?固色条件是什么?

4.为什么直接染料对纤维素纤维具有较高的直接性,而只有较低的湿处理牢度?

5.卷染机染棉织物,已知每卷织物布重50kg,染液处方如下:

20%直接枣红(owf)	2.5%
纯碱	0.5g/L
食盐(owf)	4%
浴比	1:4
染色温度	90℃
染色时间	60min

试求:(1)各染化料用量。

(2)说明食盐和纯碱的作用。

6.直接染料染色时为什么要加入食盐和纯碱?

任务2 活性染料染色

一、活性染料特点

活性染料分子结构中含有可与纤维中的—OH、—NH$_2$等发生反应的活性基团,染料与纤维形成共价键结合,染色牢度较好,特别是湿处理牢度,但某些染料耐酸、耐碱稳定性较差,有些染料耐氯漂牢度较差。

活性染料水溶性较好,色泽鲜艳,色谱齐全,匀染性好,传统活性染料成本较低。主要用于纤维素纤维染色,也可用于蛋白质纤维染色(毛用活性染料)、聚酰胺纤维染色。

传统活性染料上染率和固色率较低,主要用于染中浅色;染色过程中需加大量电解质促染,废水中盐浓度高。

二、活性染料的结构及性能

(一)活性染料的结构通式

结构通式:S—D—B—R

S为水溶性基团,如—SO$_3$Na;D为染料母体,决定染料的颜色、鲜艳度、牢度及直接性;B为连接基,一般为—NH—;R为活性基团,决定染料的反应性、固色率、耐水解稳定性、储存稳定性等性能。

(二)活性基团

活性染料应同时具有一定的活泼性和稳定性。活性基团结构还与染料的溶解度、直接性及扩散性等性能有关。

1. 含活泼卤素原子的氮杂环活性基　活性染料的反应性与活性基中碳原子的正电性有关，碳原子的正电性越强，活性基的反应性越强。

（1）均三嗪型活性基：结构通式为：

D—NH— (均三嗪环) —X_1　简写为　D—NH— (三角环) —X_1
　　　　　　　　X_2　　　　　　　　　　　　　　X_2

①二氯均三嗪型活性染料（X 型）：

a. 结构通式：

D—NH— (均三嗪环) —Cl
　　　　　　　Cl

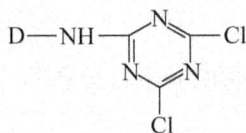

b. 特点：反应性强，适于低温（$25 \sim 45℃$）染色，可在碱性较弱的条件下与纤维反应，又称普通型或冷染型活性染料。但染料容易水解，固色率较低，储存稳定性差。

②一氯均三嗪型活性染料（K 型）：

a. 结构通式：

D—NH— (均三嗪环) —R
　　　　　　　Cl

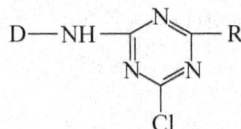

R 为—NH_2、—$NHCH_3$、—NHAr、—N（CH_3）Ar、—OR 等。

b. 特点：反应性弱，适于高温（$90℃$以上）染色，可在碱性较强的条件下与纤维反应，又称热固型活性染料，染料不易水解，储存稳定性较好，染料—纤维共价键的水解稳定性比 X 型染料好。

③一氟均三嗪型活性染料（F 型）：

a. 结构通式：

D—NH— (均三嗪环) —R
　　　　　　　F

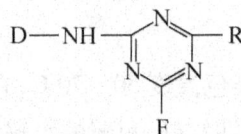

如 Cibacron F 型活性染料。

b. 特点：反应性介于 X 型和 K 型染料之间（X 型 > F 型 > K 型），适于在 $40 \sim 60℃$ 染色，具有高反应性和高固色率，染料—纤维共价键的水解稳定性比 X 型染料好。

（2）卤代嘧啶活性基：

①结构通式：

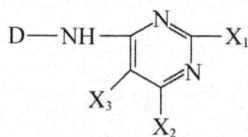

a. 三氯嘧啶型：如 Drimarene X 型［山德士（Sandoz）公司］；Reactone［汽巴精化（Ciba）公司］。

b. 二氯一氟嘧啶型（$X_1 = X_2 = Cl, X_3 = F$）：如 Drimarene Z 型（Sandoz 公司）。

c. 二氟一氯嘧啶型（$X_1 = X_2 = F, X_3 = Cl$）：如 Drimarene R 型（Sandoz 公司）；F 型（国产染料）。

d. 一氯嘧啶型：如 Verofix P 型［拜尔（Bayer）公司］。

②特点：

a. 反应性低：如在取代基相同的条件下，嘧啶型比均三嗪型染料的反应性低；二氯嘧啶型及三氯嘧啶型比 K 型染料的反应性还低。在嘧啶环上引入吸电子基，染料的反应性提高。

b. 稳定性高，不易水解：染料—纤维共价键的耐酸、耐碱的水解稳定性好，适合高温染色。

（3）喹噁啉活性基：

①结构通式：

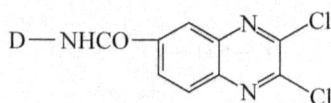

如 Levafix E 型染料（Bayer）。

②特点：反应性比 K 型染料强；在碱溶液中稳定，比 K 型和 X 型染料稳定性高；可采用短蒸法与纤维素纤维反应固色。

2. 乙烯砜活性基（$—SO_2—CH=CH_2$）

（1）结构通式：$D—SO_2—CH_2CH_2—OSO_3Na$。

如国产 KN 型染料；Remazol（Hoechst 公司）；Sumifix（日本住友公司）。

商品染料的 β-羟乙基砜硫酸酯基在碱性染色条件下生成可与纤维反应的乙烯砜基：

$$D—SO_2—CH_2CH_2—OSO_3Na \longrightarrow D—SO_2—CH=CH_2$$

（2）特点：

①反应性：X 型 > KN 型 > K 型，染色温度 50～70℃，在弱碱性条件下固色。

②染料—纤维共价键的耐酸稳定性较好，耐碱的水解稳定性差。

③染料溶解性好，色泽鲜艳。

3. α-溴代丙烯酰胺

（1）结构通式：

$$D-NH-CO-\underset{\underset{Br}{|}}{C}=CH_2$$

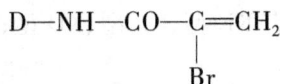

如毛用 PW 型染料；Lanasol 染料（Ciba 精化公司）。

（2）特点：反应性高，固色率高，色泽鲜艳；用于蛋白质纤维染色；耐晒、湿处理牢度好，耐水解稳定性好。

4. 其他活性基

（1）膦酸基活性基：

①结构通式：

$$D-\underset{\underset{OH}{|}}{\overset{\overset{O}{\|}}{P}}-OH$$

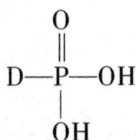

如 Procion T 型染料（英国 ICI 公司）；国产 P 型染料。

活性黄 P – 4G

②特点：

a. 在弱酸性条件下（pH = 5.5 ~ 6.5），用氰胺或双氰胺为催化剂，在高温（210 ~ 220℃）下脱水，膦酸基形成膦酸酐，与纤维素纤维的—OH 发生加成反应而固色。

b. 适于涤棉混纺织物一浴法染色。可与分散染料拼混，用于 T/C 混纺织物的印花和染色。

（2）β – 羟乙基磺酰胺硫酸酯基活性基。

①结构通式：

$$D-\underset{\underset{O}{\|}}{\overset{\overset{O}{\|}}{S}}-NH-CH_2-CH_2-OSO_3Na$$

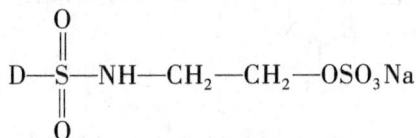

②特点：反应性比 KN 型低，稳定性提高。

5. 复合活性基

在染料分子中引入双活性基或多活性基染料，目的是提高染料的固色率。单活性基染料的固色率一般在 50% ~ 70%，复合活性基染料的固色率可达 80% ~ 90%。引入多个活性基后，染料对纤维的亲和力提高，为便于去除浮色，染料中水溶性基团较多。活性基团可以相同，也可采用不同的活性基。

（1）双一氯均三嗪基：国产染料有 KE 型、KP 型、KD 型；英国卜内门（ICI）公司的 Procion SP 型（印花用），Procion HE 型（染色用）。

①双侧型：

$$R-\overset{\displaystyle N}{\underset{\displaystyle N}{\bigtriangleup}}-NH-D-NH-\overset{\displaystyle N}{\underset{\displaystyle N}{\bigtriangleup}}-R$$

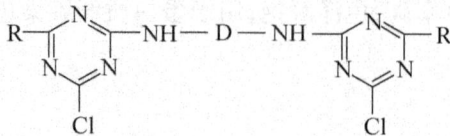

染料相对分子质量较大，分子呈线性结构，直接性较高，常含有较多水溶性基团，常用于竭染法染色（吸尽染色法）。

②单侧型：

$$D-NH-三嗪环-Cl$$

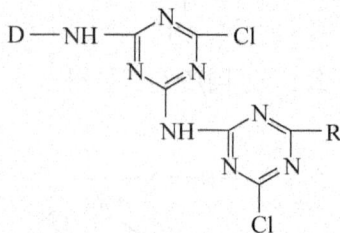

染料分子一般为非线性结构，同平面性较差，直接性较低，主要用于印花，固色率高，水解染料少。如 Procion SP 型、国产 KP 型活性染料。

③架桥型：

$$D-NH-三嗪环-NH-B-NH-三嗪环-D$$

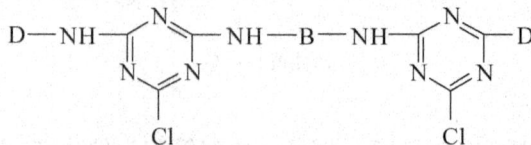

染料分子呈线性结构，直接性较高，常用于竭染法染色工艺。

（2）一氯均三嗪活性基与乙烯砜活性基：

①结构通式：

$$D-NH-三嗪环-NH-B-SO_2CH_2CH_2O_3SNa$$

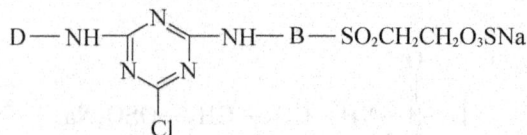

国产染料有 M 型、ME 型、Megafix B 型，国外染料有 Basilen EM［巴斯夫（BASF）公司］；Remazol S 型、SN 型（Hoechst 公司）；Sumifix Supra（住友公司）。

②特点：

a. 反应性强，可在 50～80℃范围内染色；轧染时可缩短汽蒸时间。

b. 固色率高，色泽鲜艳。

c. 兼有两种活性基的特性，如克服均三嗪型染料的染料—纤维键耐酸性差的缺点，同时克服乙烯砜型染料耐碱性差的缺点。染料—纤维共价键的耐酸、耐碱稳定性较好。

（3）两个一氟均三嗪基：

如汽巴精化公司生产的 Cibacron LS 型染料

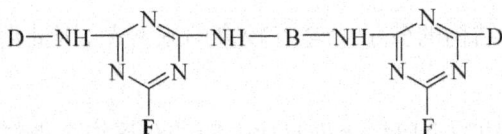

（4）1 个一氯均三嗪基和 2 个乙烯砜基：

此类染料品种较少，如汽巴红 C－2G。

并非染料中活性基越多，染色性能越好。

（三）染料母体

活性染料的染料母体决定染料的颜色（色泽、鲜艳度）、染色性能（溶解度、直接性、扩散性、浮色的易洗性、染色牢度等）。染料母体大部分与酸性染料相似，少数与酸性含媒染料相似。染料母体结构包括偶氮类、蒽醌类、酞菁类等。

1. 偶氮类　用于偶氮结构的活性染料母体以单偶氮为主。因为双偶氮或多偶氮结构作为母体的染料亲和力较高，水解染料不易洗净，故应用不多。活性染料中的黄、橙、红色等浅色染料大多数是偶氮结构的染料，例如活性嫩黄 X－6G、活性金黄 KN－G、活性艳红 M－8B 等；蓝色等深色染料采用双偶氮结构。

2. 蒽醌染料　蒽醌类的活性染料大多数是氨基蒽醌的衍生物，主要是蓝色，活性染料中的红光艳蓝品种几乎都属于这一类，例如活性艳蓝 X－BR、活性艳蓝 KN－R 等。因为它们是以溴氨酸作为中间体合成的，所以它们又称为以溴氨酸（1－氨基－4－溴蒽醌－2－磺酸）为母体的活性染料。蒽醌类活性染料的颜色鲜艳，亲和力较低，扩散性能好，日晒牢度较好，但烟褪牢度较差。

3. 金属络合染料　金属络合类活性染料的母体大多数是偶氮结构，在偶氮基的两侧邻位具有配位基，能与铬、铜、钴等过渡金属离子发生络合。例如：

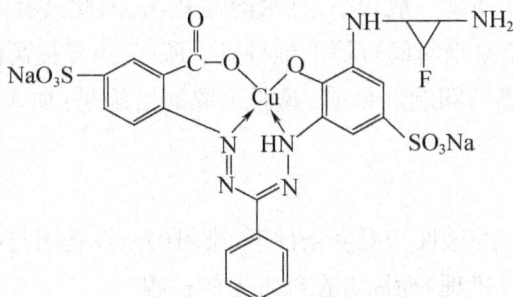

这类染料的色谱为紫、蓝、棕、灰、黑色,颜色较暗,耐酸性较差,容易发生色变。金属络合染料的亲和力一般较高,而扩散系数较小。

在金属络合染料中,有一类甲臜结构的染料,例如活性深蓝 F-4G、活性深蓝 M-4G 等。

含有甲臜($HC\begin{matrix} N{=\!\!=}NH \\ \\ N{-\!\!\!-}NH_2 \end{matrix}$)结构的分子中含有较多的磺酸基,因此溶解度较高,染色物上未固着的染料容易洗去,甲臜结构的金属络合染料比一般的金属络合染料的颜色鲜艳。

4. 酞菁染料　活性染料中的翠蓝品种都是以铜酞菁作为母体染料,铜酞菁与氯磺酸作用生成酞菁磺酰氯,后者与含有活性基的胺类化合物缩合成酞菁磺酰胺衍生物。例如:

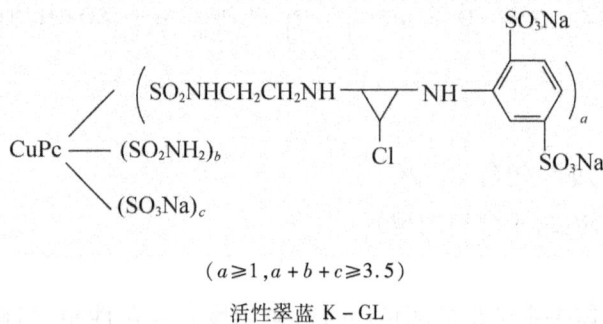

$$CuPc \begin{cases} (SO_2NHCH_2CH_2NH{-}\!\!\triangle\!\!{-}NH{-}\!\!\bigcirc\!\!{-})_a \\ (SO_2NH_2)_b \\ (SO_3Na)_c \end{cases}$$

$$(a \geqslant 1, a + b + c \geqslant 3.5)$$

活性翠蓝 K-GL

这类染料颜色鲜艳,日晒牢度高,亲和力较低,但扩散性较差,反应性也较相同活性基的同类染料低。

三、活性染料的染色过程及固色机理

活性染料的染色过程包括上染、固色和皂洗后处理三个阶段。活性染料染色时,染料首先通过范德华力和氢键吸附在纤维表面,并向纤维内部扩散,然后在碱性条件下,染料与纤维发生化学反应形成共价键结合而固着在纤维上,再通过皂洗将纤维上未与纤维反应的染料(包括水解染料)洗除,减少纤维表面浮色,提高其染色牢度和鲜艳度。

(一)活性染料的上染

活性染料的上染是指活性染料从染液中被吸附到纤维上,并在纤维上均匀扩散的过程。染料吸附到纤维表面后,在纤维内外形成一个浓度差,因而纤维表面的染料可以向纤维内部扩散。染料的扩散是在固态相介质中进行的,比在溶液中扩散更慢,这是决定上染速率快慢的主要阶段。活性染料由于相对分子质量一般较小,且水溶性较高,因此具有亲和力低、扩散性高、匀染性好、上染率较低、趋向上染平衡时间短等上染特点。所以,怎样提高活性染料的上染率是活性染料上染阶段中首先要考虑的问题。目前,普通采取的措施是:加入电解质促染、进行低温染色、采用小浴比染色等。

(二)活性染料的固色

活性染料固色是在一定的碱性和温度条件下,染料的活性基团与纤维发生反应形成共价键结合(简称键合,机理见键合机理)而固着在纤维上的过程。

活性染料的键合机理随染料活性基的不同而异,一般有亲核取代和亲核加成两种。

1. 亲核取代键合机理　以二氯均三嗪类活性基与纤维素纤维反应为例,二氯均三嗪型染料中的均三嗪环,与氯原子相连的碳原子由于氮原子和氯原子电负性的影响,电子云密度较低,形成较易接受纤维阴离子进攻的反应中心,从而发生亲核取代反应。反应过程如下:

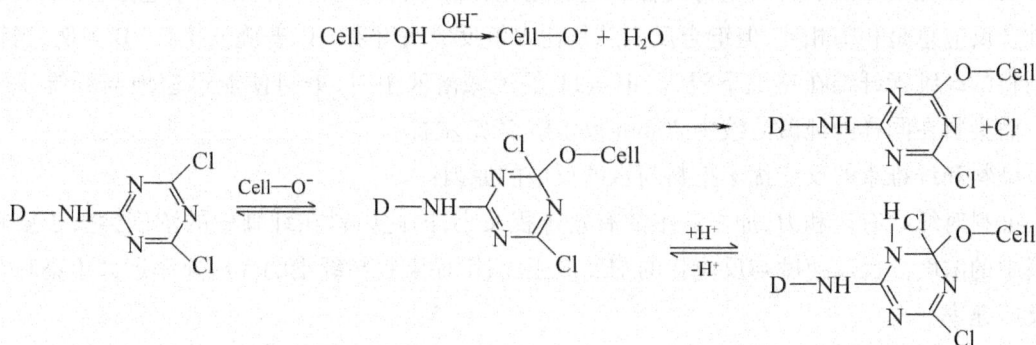

$$Cell—OH \xrightarrow{OH^-} Cell—O^- + H_2O$$

上述的亲核取代反应是分步进行的。第一步发生纤维素负离子的亲核加成反应,生成不稳定的中间产物;第二步是碳—氯键的离解反应,氯以氯离子的形式进入溶液,即进行消除反应。

当均三嗪环上的一个氯原子被纤维素取代后,由于纤维素—O⁻供电性,使得均三嗪环上与另一个氯原子相连接的碳原子的电子云密度提高,这个碳原子上的取代反应就不易进行了,但在较高的温度和较强的碱性条件下,还是有可能与纤维素分子进一步发生键合反应。

一氯均三嗪型活性染料与二氯均三嗪型活性染料的不同之处,就是以—NHR(或—OR)代替了均三嗪环上的一个氯原子。由于—NHR 的供电子性,使均三嗪环中碳原子上的电子云密度提高而降低了反应性,亲核取代反应需要在剧烈的条件下才能进行。一氯均三嗪型活性染料浸染时固色的温度较高,染液的 pH 值也较高。连续轧染汽蒸时间要较长,轧卷染色要堆置较长的时间。同时由于它的反应性较低,染物的储藏稳定性较二氯均三嗪型活性染料要好。

2. 亲核加成键合机理(以乙烯砜类活性基与纤维素纤维反应为例)　乙烯砜型活性染料的活性基是 β – 乙烯砜硫酸酯,在碱性条件下,砜基具有较强的吸电子性,使得 α – 碳原子上的氢比较活泼而容易离解。同时由于硫酸酯的吸电子性,使碳—氢键具有极性,容易断裂,所以会发生消去反应,生成乙烯砜基。反应过程可表示如下:

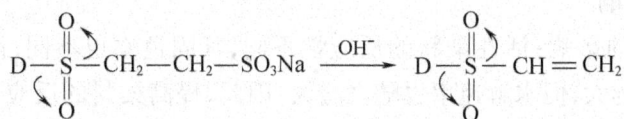

$$D—\underset{O}{\overset{O}{S}}—CH_2—CH_2—SO_3Na \xrightarrow{OH^-} D—\underset{O}{\overset{O}{S}}—CH=CH_2$$

乙烯砜型活性染料由于砜基的电负性较高,β – 碳原子的电子云密度较低,容易受到亲核试剂的进攻,发生亲核加成反应。

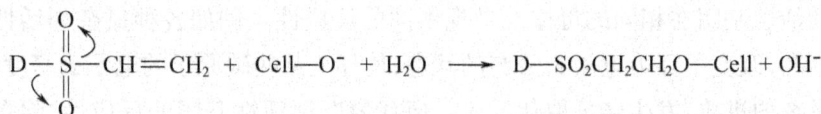

$$D—\underset{O}{\overset{O}{S}}—CH=CH_2 + Cell—O^- + H_2O \longrightarrow D—SO_2CH_2CH_2O—Cell + OH^-$$

（三）活性染料的水解反应

在碱性条件下，染液中及吸附在纤维上的活性染料也能与水中的氢氧根离子发生亲核取代反应或亲核加成反应，生成水解活性染料，使其不能再和纤维发生键合反应，从而造成染料的浪费。

由于活性染料的水解反应与键合反应机理、条件相同，因此在活性染料染色过程，水解反应与键合反应总是相随相伴，但键合反应总是比水解反应快得多。以普施安艳红2B为例，当将吸附染料的纤维素纤维在室温下浸入 pH = 11 的纯碱溶液中时，染料便能迅速地与纤维发生结合。而染料在同样的纯碱溶液中 20min 仅水解 50% 左右。

染料和纤维素的反应优于染料与水的反应的原因：

染料对纤维有亲和力，加之纤维的有效容积又小，因此染料在纤维中的浓度远大于染料在溶液中的浓度。反应速度与反应物的浓度成正比，因而染料与纤维的反应速率远大于染料与水的反应速率。

虽然纤维素和水的电离常数很接近，都为 10^{-14} 数量级，但在染色条件下由于加入了大量中性电解质后，随着纤维内相溶液中 OH^- 浓度的提高，Cell—O^- 浓度不断提高，当染液 pH = 7 ~ 11 时，纤维素负离子的浓度与水中氢氧根离子比例约为 30∶1，pH 升高，这一比值下降，但 Cell—O^- 仍大于 OH^-，所以活性染料与纤维素负离子的反应速率大于与氢氧根离子的反应速率。

纤维素负离子的亲核反应比氢氧根离子亲核性强，因此在与活性染料反应时，纤维素负离子将优先反应。

基于上述原因，故在浸染中，虽然水的数量比纤维多得多，但染料与纤维的键合反应总是远远大于染料的水解。

（四）影响活性染料固色率的因素

活性染料只有在纤维上与纤维发生键合反应（即固色）才能算真正地被利用，通常将发生键合的染料量占投入染液中染料总量的百分率称为固色率，因此提高活性染料的固着率是活性染料染色的关键。影响活性染料固色率的因素主要有两个方面：其一是染料的性质，如染料的反应性、亲和力、扩散性等；其二是染色的工艺条件，如染色的 pH 值、温度、电解质用量、浴比等。

1. 染料性质的影响

（1）染料反应性的影响：活性染料的反应性不同，其固色率也不同，活性染料的反应性越高，染料的固色速率越大，但水解速率也随之增大，因此，提高染料的反应性并不一定能提高染料的固色率，有时甚至会降低染料的固色率。影响活性染料反应性的因素有：

①在活性染料结构中（包括染料活性基、母体、桥基），凡能降低中心碳原子上电子云密度的因素，都能提高染料的反应性。反之则降低染料的反应性。

②不同的活性基团在相同的母体上呈现不同的反应性。例如各种氮杂环活性基中由于环上氮原子的存在，改变了环上电子云分布的状态，使环上某些碳原子的电子云密度降低，因此容易遭到亲核试剂的进攻，发生亲核取代反应。卤代氮杂环活性基团的反应性，除受到杂环结构

的影响外,还和杂环上取代基的性质、数量和位置有关,在杂环上引入吸电子基将降低杂环碳原子的电子云密度,增加活性基的反应性。例如一氟均三嗪型活性染料由于氟的电负性比氯大的多,所以反应性比一氯均三嗪型活性染料高。同样二氟一氯嘧啶型活性染料的反应性比三氯嘧啶型高。反之,如引入供电子基,则降低反应性。因此,在杂环上引入氯和氮原子等吸电子基可提高活性基的反应性。引入的数目越多,反应性提高越大。

③活性染料中活性基相同,染料母体不同,则反应性也不同,同一类型染料反应性约相差10倍左右。一般来说,以酞菁结构、金属络合物结构为染料母体的活性染料的反应性较低。以亚氨基作桥基的染料在碱性介质中,亚氨基会发生离子化。使亚氨基的供电子性增加,提高了均三嗪环和反应中心碳原子上的电子云密度,使反应性降低。若用 N - 亚甲基作为桥基,因为它不会发生离子化,所以在碱性条件下的反应性较高。影响染料反应性的外界条件主要有染液的 pH 值、固色的温度和中性电解质的浓度等,一般而言,染液 pH 值越高、固色温度越高、染液中中性电解质浓度越大,活性染料的反应性越大。

(2)染料的亲和力的影响:染料的上染是染料固色的前提,一般而言,染料的亲和力越大,染料的上染率越高,染料的固色率也越高。但当染料的亲和力过高时会因为染料的扩散性差而影响染料的固色率,同时水解后黏附在纤维上的染料也不易洗除。

(3)染料的扩散性的影响:染料的扩散性越好,染料在纤维上的分布越均匀,染料与纤维发生键合的概率越高,固色率越高。

2. 染色工艺条件的影响

(1)染液 pH 值的影响:染液 pH 值越高,染液的碱性越强,越利于纤维素的离子化,纤维素负离子的浓度增加,纤维的溶胀增大,因此键合反应速率提高,固色率一般也将提高。但当 pH 值高于 11 时,随着染液中 pH 值的增高,染液中 $[OH^-]$ 比纤维中 $[Cell—O^-]$ 增加更快,$[Cell—O^-]/[OH^-]$ 的值减小,水解反应的比例将增加,因此在活性染料固色时,过高的 pH 值也是不利的。

(2)固色温度影响:一般而言,温度升高,反应速率提高,温度每升高 10℃,反应速率可提高 2~3 倍。提高固色温度虽然可以提高键合反应速率,但由于水解反应速率提高得更快,所以染料水解的比例将上升,固色率降低。同时温度升高,平衡上染百分率将降低,也会影响固色率。因此实际染色时必须选择合适的固色温度,使其在规定的时间内反应充分,获得较高的固色率。对反应性高的染料,固色温度应低些;对反应性低的染料,固色温度要高些,否则固色时间就要很长。对固色时间短的工艺(如轧染),则必须用较高的固色温度,例如用汽蒸或焙烘来完成固色。

(3)中性电解质的影响:染液中存在中性电解质时,纤维内相与外相溶液中 $[OH^-]$ 分布发生变化,随着溶液中电解质浓度提高,纤维内 $[OH^-]$ 随之提高,从而提高了纤维素的离子化,使 $[Cell—O^-]$ 提高。同时电解质促使被纤维吸附的染料量升高,键合反应速度提高,从而提高固色率。

(4)浴比的影响:在其他条件相同时,染色浴比越小,上染率越高,固色率也越高。但染色浴比过小会影响染色的匀染性。

（五）染色后处理

上染在纤维上的染料在固色时并不能全部与纤维发生反应,这部分染料包括水解染料、没有活性基的染料和虽有活性基但并没有与纤维反应的染料。这些染料会影响染色牢度和色泽的鲜艳度,特别是皂洗牢度,因此必须通过染色后处理加以去除。皂洗后处理是用洗涤剂或肥皂等把吸附在纤维上未与纤维结合的染料洗涤去除,以保证染色产品的染色牢度和鲜艳度。

四、活性染料染纤维素纤维的染色方法及其工艺

活性染料的染色方法一般有浸染、卷染、轧染、冷轧堆染等,采用何种染色方法,首先需考虑织物的组织结构、紧密程度、厚薄等状态,一般来说紧密厚重的织物不宜采用绳状浸染方法,如喷射溢流染色。紧密厚重的织物宜采用卷染、冷轧堆的染色方法,但这两种染色方法存在间歇式、效率低、缸差难以控制的缺陷,轧卷染色适宜用作厚重织物的染色。轧染适应性较广,但对一些高支高密的织物有时较难适应,易产生皱条、擦伤。浸染一般适应于染一些稀薄织物及一些弹力织物。以上考虑并不是说某种染色方法只能染某种织物,而是考虑到当采用此种方法时,染出来的产品质量比其他方法要理想。活性染料的种类很多,各类活性染料的反应性和染色条件各不相同,在设计染色工艺时要尽可能考虑所采用的染色方法要达到固色率高、色光鲜艳、染色时间短、被染织物的匀染性好、染色牢度好的目的。

（一）浸染工艺

1. 二浴法 这种染色方法是先在中性浴中进行染色,再进行固色,为了节约用水和防止染料溶解到水中,实际生产时往往会在固色浴中加入前一道工序的染色残液进行固色,由于其染料的上染与固色是在两个浴中分别进行,因而染料的水解率较低,能续缸使用,染料利用率高。当用于纱线浸染时,染料的给色量和固着率比较稳定,不易产生色差,能最大限度地缓和染料的键合和染料水解之间的矛盾,得到较理想的染色效果。不过用此法染色,由于所加促染剂、碱剂和温度等条件不易控制,易产生色差,质量不够稳定。

（1）工艺流程:

练漂半制品(→水洗润湿)→染色(上染)→固色→冷水洗→热水洗→皂煮→热水洗→冷水洗→脱水→烘干

（2）工艺处方及条件:二浴法浸染工艺处方及条件如表4-2所示。

表4-2 常用染料二浴法浸染工艺处方及条件

染化料及工艺条件		头缸用量	续缸用量
染色	染料(owf)	0.2% ~2.0%	0.15% ~1.5%
	无水硫酸钠(g/L)	20 ~100	适量
固色	染料(g/L)	0.2 ~2.0	适量
	纯碱(g/L)	5 ~35	2 ~8
皂煮	净洗剂(mL/L)	0.75 ~1.0	0.15 ~0.2

染化料及工艺条件		头缸用量	续缸用量
工艺条件	浴比	1:(15~30)	
	染色温度(℃)	X型:30~35;K型:40~50;KE型:40~60	
	染色时间(min)	15~30	
	固色pH值	9~11	
	固色温度(℃)	X型:40;K型:85~95;KE型:60~80	
	固色时间(min)	15~30	
	皂洗温度(℃)	85~95	
	皂洗时间(min)	15~20	

（3）操作注意事项：调整好染液的浴比及温度等因素后就投入纱线染色，染色温度与时间要严格控制。染色完毕后，将纱线上残液沥去，使带液率不大于200%，然后投入固色浴中固色。

固色浴主要由纯碱、染料、元明粉组成。如用上染后的残液来配制，只要加入纯碱就可，这样配制的固色液所含的染料及元明粉基本上等于上染浴的浓度。也可另行配制固色液，为防止纱线上染料在固色浴中的溶落，在固色浴中可加入1~2L染液，还可以加少量的元明粉。固色完毕后，将纱线上的残液沥去，使带液率不大于200%，然后立即进行皂洗后处理。

上染液和固色液均可续缸使用。上染液续缸染料补充量应根据实际测定的上染百分率，结合具体上染条件（浴比、纱线带液率等），并通过计算求得。最后再根据染色试样的颜色浓淡进行校正。

由于染料在染浴中会发生水解，特别是固色浴中pH值较高，水解较快。为抵消染料从纱线上解吸的损失，维持固色率基本一致，应根据染料水解速率和续缸的次数，适当增加染料补充量。而且当固色浴中水解染料含量很高后，不宜再续缸使用，应重新配制，否则因吸附的水解染料量高，对后道洗除增加了困难，对提高染色牢度不利。

固色浴中的纯碱续缸补充量计算较为复杂。因棉纤维会吸附一定的碱剂，同时染料在发生固色反应或水解反应时都要消耗一部分碱剂，而且这还与元明粉的存在有关，元明粉浓度越高，纤维内相溶液中氢氧根离子浓度将越高，固色和水解反应也越快。因此纯碱的补充量不仅与纱线的带液率，还与染料的种类和用量、元明粉用量、固色和水解反应速率等因素有关，可根据实际条件进行测定求出补充量，以保证固色浴中一定的pH值。

固色浴中除了在一开始时可适量加些元明粉外，以后不必补充。因为元明粉对纤维没有亲和力，只要上染浴和固色浴处理后的带液率相同，固色浴中元明粉可以维持不变，基本和上染浴相同。

固色后应立即进行冷水洗、热水洗和皂洗，使纱线上吸附的未反应的染料、碱剂以及水解染料洗去，可使固色率保持稳定，不因搁置而引起色差。

2.一浴二步法　大多数纤维素纤维的纺织品（针织物、纱线等）主要采用这一工艺。针织物一般采用绳状染色机，如溢流染色机和喷射染色机进行染色，此法是把染料先配制成染液，让纤维制品浸染吸附染料,并用电解质促染,再加入碱剂,同时升温进行固色,最后再进行皂洗后处理。这种工艺质量较易控制,色差较少,但不能续缸生产。

(1)工艺流程:

练漂半制品(→水洗润湿)→染色→固色→冷水洗→热水洗→皂煮→热水洗→冷水洗→脱水→烘干

(2)工艺处方及条件:一浴二步法浸染工艺处方及条件如表4-3所示。

表4-3 常用染料一浴二步法浸染工艺处方及条件

染化料及工艺条件		用量
染色	活性染料(owf)	0.2% ~ 8.0%
	无水硫酸钠(g/L)	20 ~ 80
固色	纯碱(g/L)	5 ~ 30
皂煮	净洗剂(mL/L)	0.5 ~ 1.5
工艺条件	浴比	1:(10 ~ 12)
	染色温度(℃)	X 型:30;K、M 型:60;KD、KE 型:90 ~ 95
	染色时间(min)	10 ~ 25
	固色 pH 值	9 ~ 11
	固色温度(℃)	X 型:40;K、KD、KE 型:90 ~ 95;M 型:80
	固色时间(min)	10 ~ 15
	皂洗温度(℃)	90 ~ 100
	皂洗时间(min)	10 ~ 15

(3)操作注意事项:

①染料先用少量的水(X 型染料可用冷水,其他染料可用 40 ~ 50℃热水)调成薄浆,再加适量水(X 型可用冷水或 30 ~ 35℃温水,K 型可用 70 ~ 80℃热水,KN、M 型可用 60 ~ 70℃热水;对于溶解度较小的染料,如活性嫩黄 K - 6G、翠蓝 K - GL、艳蓝 K - GR 等可用 90℃热水)使染料溶解。然后将染料溶液加入盛有规定水量的染机内搅匀,加热至规定温度开始染色。染色时间取决于染料性能、色泽浓度及染色效果,一般来说,亲和力大而扩散性差且用量大的染料,染色时间要求长一点。

②活性染料染色用水不宜含有铁、铜等金属离子,它们会使染料溶解度降低或使染料色泽萎暗。染色用水中也不宜含有钙、镁离子,因为钙、镁离子不仅会降低染料溶解度,还会与纯碱反应形成沉淀,影响固色速率和色泽鲜艳度以及染色牢度。值得注意的是对一些金属络合染料,不宜用过强的络合剂来软化染色用水,否则会剥除染料分子中的金属离子而造成色变和色牢度下降。

③活性染料用于浸染染色时,浴比不宜过大,否则会造成水解染料增多,降低染料的利用率。浴比过小,则不易匀染,故通常采用浴比为 1:(10 ~ 12),并选用亲和力较大的活性染料,以提高染料利用率。

④活性染料浸染时若不加电解质,一般只有较低的固色率。所以染色过程中需加入一定量

的中性电解质进行促染。工业用盐含杂质较多,故多采用元明粉。在上染浴中加入食盐或元明粉主要是提高染料的上染百分率。元明粉的用量决定于染料的溶解度、亲和力和匀染性。溶解度低、亲和力高及匀染性差的染料,元明粉的用量较低,反之较高。此外,元明粉的用量也和染料浓度有关,染料浓度高,加入元明粉量也应较多。但过量的电解质容易造成染色不匀,还会引起染料聚集和沉淀。电解质用量一般为 20 ~ 60g/L(无水元明粉的用量约与食盐用量相同,结晶元明粉的用量增加一倍)。为了获得良好的匀染效果,电解质一般是在染色 10min 左右后加入,宜分 2 ~ 3 次加入。

⑤染色温度和固色温度根据染料的类别而定。为了提高活性染料的吸尽率,往往可采用较低的上染温度,如二氯均三嗪类染料上染温度为室温(20 ~ 35℃),固色温度为 40℃左右;二氟一氯嘧啶、一氟均三嗪以及二氯喹噁啉类染料的上染和固色温度较高,为 40 ~ 50℃;乙烯砜类染料上染温度较低,为 20 ~ 40℃(一般为室温),固色温度较高,约为 60℃;因 M 型染料为具有一氯均三嗪类和 β – 羟基乙烯砜硫酸酯基的双活性基染料,反应性和乙烯砜类的接近,但由于还具有一氯均三嗪基,相对分子质量或亲和力较高一些,上染温度 60℃左右,固色温度 80 ~ 90℃;一氯均三嗪类的上染温度为 40 ~ 60℃,固色温度为 80 ~ 90℃。固色 pH 值一般以 10 ~ 11 较合适,固色碱剂通常为纯碱和磷酸三钠,少数也可用烧碱。其中纯碱的碱性较弱,磷酸三钠次之,烧碱最强。固色温度随碱剂不同也稍有变化,上述的固色温度是在以纯碱为固色剂的温度,如果用磷酸三钠和烧碱为固色剂时可降低 5 ~ 10℃。纯碱和磷酸三钠是强碱弱酸的盐,在一定的 pH 值时本身具有一定的缓冲作用,随着固色或水解反应的进行,pH 值降低较缓慢。染料反应性强的宜用纯碱,反应性较弱的染料宜用磷酸三钠,个别情况可用烧碱,染料浓度高,碱剂用量应高些。由于纯碱价廉,目前工厂采用得比较多。碱剂也可以分两次加入,在低温上染时加少量,升温到固色温度,大部分染料上染纤维后再加入其余碱剂。

⑥固色处理后应立即进行热水洗及皂煮处理,可使固色率保持稳定和便于控制缸与缸之间的色差。染色后水洗及皂洗去除染色物上的助剂及未与纤维素发生键合反应的染料,保证染色物的染色牢度。皂洗一般采用中性合成洗涤剂浓度在 1g/L 左右,在 90 ~ 95℃下洗涤 5 ~ 10min。皂洗液内一般不用纯碱,因为染料—纤维键对碱比较敏感,在碱性条件下易引起色光的改变和染色牢度下降。染色织物上的碱剂要充分洗除,以防止在储存过程中发生颜色的改变,即产生"风印"。KN 型活性染料染色的织物,尤其容易发生这种情况。

3. 一浴一步法(全浴法)　此法是将染料、电解质、碱剂等在染色开始时全部加入染浴,使染色过程的上染、固色同时完成。该工艺较为简单,但染料水解率较高,染色质量稳定性较差,只适宜一些结构较疏松的纤维制品(如纱线),在碱剂较弱的情况下采用,且以染淡、中色为主。

(1)工艺流程:

练漂半制品(→水洗润湿)→染色(上染、固色)→冷水洗→热水洗→皂煮→热水洗→冷水洗→脱水→烘干

(2)工艺处方及条件:一浴一步法浸染工艺处方及条件如表 4 – 4 所示。

表4-4 常用染料一浴一步法浸染工艺处方及条件

染化料及工艺条件		头缸用量	续缸用量
染色	X型活性染料(owf)	0.2%~3.0%	0.15%~0.8%
	无水硫酸钠(g/L)	20~40	4~10
	纯碱(g/L)	4~10	1~2
皂煮	洗涤剂(mL/L)	3	1
工艺条件	浴比	1:(15~20)	
	染浴温度(℃)	30~40	
	染色时间(min)	15	
	固色pH值	9~10	
	皂洗温度(℃)	85~95	
	皂洗时间(min)	10~15	

(3)操作注意事项:采用此法要求尽可能减少染料在染浴中停留时间,使染料迅速上染于被染物,染物质量易于掌握。染色时间:包括准备工作(如加料、进缸、出缸时间)在内,每次为20min,产量较高。

(二)卷染工艺

卷染染色也属于浸染。染色时通过两只卷轴不断地交替卷染,织物从染浴中带上染液,在卷轴上不断转动,织物所带染液中的染料不断对纤维上染,加入碱剂后与纤维发生共价键结合,故染色过程和通常的浸染基本相同,只是染色时的浴比较小而已。

卷染在卷染机上进行,特别适合于小批量、多品种的生产,灵活性很强,卷染工艺条件随染料性能和织物组织结构而不同。一般选用反应性较强的染料,在较低温度下染色,这样不仅可节约能源,还可以减少因温度不匀引起的色差。如果温度较高,需要选用封闭式卷染机。卷染时织物由一卷轴卷到另一卷轴上的时间不能太长,一般应不超过15min,否则时间过长,交卷次数少,头尾色差严重,特别是染一些亲和力较高的染料。

1. 工艺流程

卷染→固色→冷水洗→热水洗→皂煮→热水洗→冷水洗→上卷

2. 工艺处方及条件

(1)X型活性染料:每轴布长180~540m,车速60~70rad/min,工艺处方及条件如表4-5所示。

表4-5 X型活性染料卷染工艺处方及条件

染化料及工艺条件		用量		
		浅色	中色	深色
染色	X型活性染料(g)	100以下	100~1000	1000~2000
	食盐(kg)	3	3	4
	液量(L)	100~150	100~150	100~150

续表

染化料及工艺条件		用量		
		浅色	中色	深色
固色	纯碱或磷酸三钠(kg)	0.6~1.2	1~1.5	1.5~2
	液量(L)	100~150	100~150	100~150
皂煮	工业皂(g)	400~500	500~700	800
	洗涤剂(mL)	500	500	500
	液量(L)	120~150	120~150	120~150
工艺条件	染色道数和温度	4~6道,室温		
	固色道数和温度	4~6道,室温		
	水洗	两道,冷流水		
	热水洗	2~4道,80~85℃		
	皂煮	4~6道,95℃		
	热水洗	2~4道,80~90℃		
	冷水洗	1~2道,冷流水		

注意事项:

①棉布退尽浆料,经练漂丝光的半制品,要求布面匀净,不带残留的化学药品,pH 值为 7,以中性为佳。

②染料用冷水溶解,难溶染料可加适量尿素助溶。

③染液应随用随配,不宜放置过久,配好的染液,在染色开始后分两次加料,第一次加60%,第二次加40%。

④先将食盐溶解,然后在加完染液后的第 3~4 道分两次加入。固色用碱剂也在溶解后分两次沿染槽内壁均匀加入。

⑤宜用室温染色,便于控制卷与卷之间的色差。如在 30~35℃时卷染,则每次温度要控制一致,否则会造成色差。黏胶纤维宜用 X 型活性染料卷染。

⑥固色后经充分水洗、皂洗,去除浮色及水解染料,才能获得正常色泽与牢度。皂煮液中可用皂粉或净洗剂 LS 等,但不加纯碱,防止产生风印。

⑦活性嫩黄 X - 6G、黄 X - RN、艳橙 X - GN 染色后,容易产生风印。皂洗后用冰醋酸(1mL/L)处理,可予以改善。

(2)KN 型活性染料:每轴布长 480~540m,车进 60~70rad/min,工艺处方及条件见表 4-6。

表 4-6 KN 型活性染料卷染工艺处方及条件

染化料及工艺条件		用量		
		浅色	中色	深色
染色	KN 型活性染料(g)	100 以下	100~1000	1000~2000
	食盐(kg)	3~6	6~8	8~10
	液量(L)	100~150	100~150	100~150

续表

染化料及工艺条件		用量		
		浅色	中色	深色
固色	磷酸三钠（kg）	1.5～2	2～3	3～4
	液量（L）	100～150	100～150	100～150
皂煮	工业皂（g）	400～500	500～800	800～1000
	洗涤剂（mL）	400～500	500～800	800～1000
	液量（L）	120～150	120～150	120～150
工艺条件	染色道数和温度	6～8 道,40℃		
	固色道数和温度	6～8 道,40～50℃		
	水洗	两道,冷流水		
	热水洗	2～4 道,80～90℃		
	皂煮	4～6 道,95℃以上		
	热水洗	两道,80～90℃		
	冷水洗	1～2 道,冷流水		

注　翠蓝染色、固色温度均用 75～80℃,固色用烧碱替代磷酸三钠。

注意事项：

①染料先用少量温水调匀,加 80℃以上热水,充分搅拌使完全溶解,过滤加入染缸浴里。

②KN 型活性染料对还原性物质较敏感,对练漂半制品要求较高,除参照 X 型染料卷染要求外,染色前用过硼酸钠处理,有助于提高成品的匀染度。

③碱剂用磷酸三钠 15～30g/L 较为合理,也可用纯碱 15～20g/L 或纯碱 5g/L 加 30%（36°Bé）烧碱 3mL/L。

④KN 型活性染料特别适用于卷染府绸等紧密织物,染色品色泽深浓,布面得色均匀。

（三）轧染工艺

活性染料的轧染染色有一浴法轧染和二浴法轧染两种。一浴法轧染是将染料和碱剂放在同一染液中,织物浸轧染液后,通过汽蒸或焙烘使染料固着于纤维。二浴法轧染是将织物先浸轧染液,再浸轧含有碱剂的固色液,然后汽蒸使染料固着。轧染时宜采用亲和力较低的染料,这样对匀染、透染、前后色泽一致均有利,同时也有利于染后沾污在织物的水解染料的洗除。但必须注意,亲和力低的染料在烘干时更容易发生泳移,需加入抗泳移剂。

1. 一浴法轧染工艺

（1）工艺流程：

浸轧染液→烘干→汽蒸或焙烘→冷水洗两格→75～80℃热水洗两格→95℃以上皂洗四格→80～90℃水洗两格→冷水洗一格→烘干

（2）染液处方及工艺条件：一浴法轧染染液处方及工艺条件如表 4-7 所示。

表4-7 一浴法轧染染液处方及工艺条件

染料类型 处方、工艺条件	X 型	K 型	KN 型	M 型
染 料	视色泽要求而定			
食盐(g/L)	20~30	25~40	25~40	25~40
碱剂(g/L)	NaHCO₃ 5~20	Na₂CO₃ 或 Na₃PO₄ 10~30	NaHCO₃ 5~20	Na₂CO₃ 10~30
尿素(g/L)	0~30	30~60	0~30	30~60
防染盐 S(g/L)	0~5			
润湿剂(g/L)	1~3			
抗泳移剂	酌量			
汽蒸温度(℃)	100~103			
汽蒸时间(min)	0.25~1	3~6	1~2	1~2
焙烘温度(℃)	120~160			
焙烘时间(min)	2~4			

（3）操作注意事项：

①碱剂的种类和用量应根据染料的反应性和用量而定,反应性低的染料,要用较强的碱剂,用量要多一些。染料用量高,碱剂的用量也要高。对于反应性高的 X 型活性染料一般采用小苏打作碱剂,染液的 pH 值在 8 左右,这样染液中的染料水解较少,在烘干、汽蒸或焙烘时,小苏打分解生成纯碱,提高了 pH 值,促使染料和纤维发生固色反应;乙烯砜型活性染料本身及其染料—纤维结合键耐碱性水解的能力较差,一般也采用较弱的碱剂,如采用小苏打或释碱剂三氯醋酸钠;K 型活性染料的反应性较低,故一般宜用较强的碱剂,如碳酸钠。M 型活性染料可以根据具体情况选用碳酸钠或碳酸钠与碳酸氢钠混合碱剂。

在一浴法轧染中,由于染液内含有碱剂,反应性强的活性染料容易发生水解,制备染液时,碱剂宜临用前加入。染液制备后,放置时间不宜过长,否则水解染料比较多,使染液的利用率降低。

②尿素能帮助染液的溶解,使纤维吸湿和膨化,有利于染料在纤维中扩散,提高染料的固色率,但乙烯砜型活性染料焙烘法固色时不能使用尿素,否则固色率会下降。因为在碱性高温条件下,尿素能与乙烯砜型活性染料发生反应,使染料失去与纤维反应的能力。同时尿素也可能会促使已经生成的纤维—乙烯砜染料结合键的断裂,所以对于采用焙烘法的 KN 型染料,除酞菁结构的染料外,一般不用尿素。

③防染盐 S,即间硝基苯磺酸钠,是一种弱的氧化剂,当与还原性物质作用,分子中的硝基被还原成氨基。防染盐 S 的作用是防止在汽蒸过程中,因受还原性物质(纤维素纤维在碱性条件下汽蒸时有一定的还原性)或还原性气体的影响,使染料的颜色萎暗。

④海藻酸钠糊是一种常用的抗泳移剂,可减少在烘干时织物上的染料发生泳移。也可采用其他的抗泳移剂。

⑤轧槽初染液视染料亲和力的大小加水冲淡5%~20%,以保持前后颜色一致。轧液温度一般为室温,浸轧采用一浸一轧或二浸二轧,轧液率不宜太高。

⑥汽蒸或焙烘的温度和时间主要根据染料的反应性、扩散性而定。对于反应性高的 X 型活性染料,温度应较低,时间也较短;对于反应性低的 K 型活性染料,所用温度应较高,时间应较长。

2. 二浴法轧染工艺

(1)工艺流程:

浸轧染液→烘干→浸轧固色液→汽蒸(100~103℃,1~3min)→水洗→皂洗→水洗→烘干

(2)染液、固色液处方:二浴法轧染染液、固色液处方如表4—8所示。

表4—8 二浴法轧染染液、固色液处方

染料类型		X 型	K 型	KN 型	M 型
染色液	染料	视色泽要求而定			
	尿素(g/L)	0~30	30~60	0~30	30~60
	碱剂(g/L)	$NaHCO_3$ 0~15	Na_2CO_3 或 Na_3PO_4 10~30	$NaHCO_3$ 0~15	Na_2CO_3 或 Na_3PO_4 10~30
	润湿剂(g/L)	1~3			
	抗泳移剂	适量			
固色液	碱剂(g/L)	Na_2CO_3 10~20	NaOH 15~25	Na_2CO_3 10~20	NaOH 15~25
	食盐(g/L)	20~30	50~60	20~30	50~60

(3)操作注意事项:

①为了提高固色率,可在染液中加少量弱碱。

②固色液中宜用较强碱性的碱剂,以保证较短时间内完成固色。

③为防染料溶落,可在固色液中加入食盐和浓度为10%左右的染液。

④为防头深,初开车需兑水冲淡,兑水率为5%~20%。

(四)冷轧堆染色法

冷轧堆染色是织物在浸轧含有染料和碱剂的染液后立即打卷,并用塑料薄膜包好,在缓慢转动下堆放一定的时间,使染料完成上染和固着,最后在卷染机或平洗机上进行后处理。此法最适用于反应性强,亲和力低,扩散速率快的染料。活性染料冷堆法染色具有设备简单、能耗低、染料利用率较高,匀染性好等优点,适用于小批量,多品种生产。

1. 工艺流程

浸轧染液→打卷后转动堆置→后处理(水洗、皂煮、水洗)→烘干

2. 染液处方及工艺条件 染液处方及工艺条件如表4—9所示。

表4-9 冷轧堆染色工艺处方及工艺条件

工艺条件	染料类型	X型	K型	KN、M型	KE型
轧染液	染料(g/L)	视色泽要求而定,一般为10~50			
	尿素(g/L)	0~50			
	纯碱(g/L)	5~25	—	—	—
	30%烧碱(g/L)	—	25~40	6~10	30~36
	35%水玻璃(g/L)	—		60~70	
浸轧	轧液率(%)	60左右			
	浸轧温度	室温			
卷堆	打卷温度	室温			
	堆置温度	室温或保温堆置			
	堆置时间(h)	2~4	16~24	8~10	15~18

3. 注意事项 轧染液中含有染料、碱剂、助溶剂、促染剂、渗透剂等。同活性染料轧染染色一样,冷轧堆染色法也是通过浸轧使染料吸附在纤维表面,所不同的是它是通过冷堆完成染料的扩散和固色。X型、KN型、M型、K型等染料均可应用。由于冷轧堆染色法采用的是低温固色,为了提高染料的反应性,往往需要选择较强的碱剂,pH值比卷染工艺高。

使用时要根据所用的染料类型选用碱剂。X型活性染料一般用纯碱,K型活性染料一般适用烧碱;KN型和M型活性染料反应性介于两者之间,可以采用磷酸三钠作碱剂,或用混合碱剂,即用硅酸钠加烧碱,也可单用烧碱。使用水玻璃烧碱法,对提高染液稳定性,消除风印有利,使用时还要根据染料性能,工艺要求等因素调节使用。

由于采用了较强的碱剂,必须采用混合器(比例泵)加料,即在操作时把染料和助剂配成一桶,而将碱剂另配一桶,以减少轧染液中染料的水解。染色时将染液和碱剂通过混合器计量地加入轧槽。轧槽容量应小一些,容量太大会造成染液交换不良,使水解染料增加而影响染色质量。

加入食盐或硫酸钠有利于在堆置时纤维对染料的吸附,提高固色率。冷轧堆染色法必须严格地控制轧液率,轧液率以低些为宜,一般控制在60%左右。带液过多,固色率低,并且容易产生有规律的深浅横档。浸轧染液后,织物在打卷装置上成卷,打卷要求平整,布层之间无气泡。堆置时布卷要密封,包上塑料薄膜,并不停地缓缓转动,防止布卷表面水分蒸发或染液向下的重力流淌而造成染色不匀。堆置时浸轧在织物上的染料被纤维吸附,并向纤维内扩散和固着。其原理相当于小浴比的卷染。由于堆置的温度较低,堆置的时间较长,染料能够充分的扩散和固着,所以固色率较高,匀染性好,没有在轧染烘干时由于染料泳移而造成的染疵,布面比轧染光洁。堆置时间根据使用染料的反应性和用量,以及所用碱剂的种类和用量而定,一般X型活性染料堆置2~4h,K型活性染料堆置16~24h,KN、M型染料堆置4~10h。酞菁结构的翠蓝染料扩散性差,反应性低,要适当增加碱剂用量和堆置时间。

为了缩短反应性较低的活性染料的堆置时间,也可以采用保温堆置的方法,即在打卷时用蒸汽均匀地加热织物,成卷后放入保温蒸箱中堆置。堆置后可在平洗机上进行后处理,工艺同轧染。

五、活性染料的染色牢度

(一)耐晒牢度

影响活性染料耐晒的因素很多,染料的母体结构,染料与纤维的结合状况,染物上的染料浓度,染料在纤维上的物理状态,染色工艺,以及纤维的性能等对耐晒牢度都有一定的影响。染中深色时,经过选择的以金属络合、蒽醌、酞菁和部分偶氮结构为母体的染料有较高的耐晒牢度。但也有一些活性染料的耐晒牢度不够理想。

染物上已经键合的染料比未键合染料和水解染料的耐晒牢度要高,这可能是由于活性染料与纤维成键后能将能量从染料激发态转移到纤维上,从而减少了染料的光化学降解率,提高了染料的耐光性,但羊毛、聚酰胺等纤维上两者相差甚小。当染物上含有较多的水解及未键合活性染料时,则染物的染色牢度会下降。

染料在纤维内充分扩散,渗透均匀,耐晒牢度较高。同一染料用不同染色方法染色,所得的耐晒牢度也有差异,通常轧卷—堆置法染后织物耐晒牢度较高,一浴法轧染焙烘固色法染后织物耐晒牢度较低。

(二)耐洗牢度

活性染料—纤维结合键对碱的稳定性直接影响染物的耐洗牢度。同时耐洗牢度还与染物上的水解染料或未键合的活性染料是否去除干净有关。提高染物的耐洗牢度首先应该选择染料—纤维结合键耐碱稳定性好的染料,染色后要充分洗去浮色,染物上一般不能带碱,故皂洗时以采用中性洗涤剂为宜。活性染料的染物在皂洗水洗后用固色交联剂处理,使染料和纤维之间发生进一步交联,可提高固色率和耐洗牢度。

(三)耐氯漂牢度

不少活性染料品种的耐氯漂牢度较低,在含有有效氯 20mg/L,pH = 8.5,温度为(20℃ ± 2)℃的条件下下浸渍 4h 即发生严重的褪色。

活性染料的化学结构与氯漂牢度之间的关系目前尚不清楚,一般认为,以染料母体结构的影响为主。以吡啶啉酮为母体的活性染料嫩黄品种,如活性嫩黄 X – 6G、活性嫩黄 K – 6G、活性嫩黄 M – 5G 等,耐氯性能都很差,其氯漂牢度仅为 1 ~ 2 级;以溴氨酸为母体的活性染料其耐氯性能也很差,氯漂牢度大多仅为 1 ~ 2 级;以酞菁为母体的活性染料氯漂牢度中等,可达 3 级;在采用偶氮结构的母体染料时,在适当的分子结构排列组成下,可获得耐氯性能好的品种。例如活性艳橙 K – 2G 的偶合组成是迫位酸,就具有较好的氯漂牢度。

具有相同母体的活性染料,若活性基不同及水溶性基团变化,则其耐氯性能也不一样。例如活性艳蓝 X – BR、活性艳蓝 K – GR、活性艳蓝 M – BR、活性艳蓝 K – NR 具有相同的母体结构,仅活性基和水溶性基团不同,前三个染料的耐氯漂牢度较差,而活性艳蓝 K – NR 的耐氯漂牢度则较好。

(四)烟褪牢度

烟褪牢度表示染色织物耐氧化氮气体的性能,部分活性染料容易引起烟气褪色,其中尤其以溴氨酸为染料母体的蓝色染料,如活性艳蓝 X – BR、活性艳蓝 K – GR、活性艳蓝 K – 3R、活性艳蓝 M – BR 等烟褪牢度特别差。在这些染料分子中具有游离氨基或亚氨基,在氧化氮气体的作用下会发生重氮化和亚硝化反应,接着又发生一系列的其他反应,引起色泽的变化。为了提高耐氧化氮的稳定性,往往避免在染料分子上留有游离氨基,使其不易受氧化氮的攻击。

六、活性染料对其他纤维的染色

(一)天丝(Tencel)纤维的染色

Tencel 纤维属再生纤维素纤维,一般棉用活性染料都可用来染色。在染色设备上可选用平幅设备或绳状设备,在加工光洁织物时应首选平幅设备,如卷染、冷轧堆、轧染等,织物不易产生原纤化和皱印,但染液回流少,手感较差。而采用绳状染色设备,如气流染色机、溢流喷射染色机等,在染色时易产生纤维原纤化,并且如操作不当,工艺参数控制不合理,或未加染浴润滑剂等,则易产生折痕。对要求产生桃皮绒风格的织物采用绳状染色可促使纤维原纤化,尤其是在用高温型单官能活性基团的染料加碱固色的情况下更是如此。这样可减少次级原纤化所需时间,甚至可在染色的同时完成次级原纤化。

在染料的选用方面,需考虑染色牢度、染色成本、染色工艺条件等工艺因素,还要考虑染料对酶处理和原纤化或防止原纤化等影响。由于 Tencel 纤维的聚合度和结晶度比传统的黏胶纤维高,如采用低温或中温染料染色,染料渗透和扩散性差,易造成表面浮色和色花,重现性差。而且织物下水后,染色温度低,织物硬度大,绳状染色易产生擦伤、死折。所以应选用高温型活性染料进行染色。

先染色再经酶处理或染色与酶处理同浴进行时,则要考虑染料对酶的抑制作用。根据资料介绍,同一类型的染料中相对分子质量越大,对酶的抑制作用也越大;双活性基团的活性染料对酶的抑制作用大于单活性基团的活性染料;活性染料对酶的抑制作用大于直接染料;织物上的染料浓度越高对酶的抑制作用越大。所以在染料的选用、酶处理的工序安排等方面要综合加以考虑。

对于要求获得桃皮绒风格的织物,在染色后要加上一道次级原纤化。如果在染色时选用了某些可以在纤维素分子链间形成交联的双活性基或三活性基活性染料,那么这种交联对纤维原纤化有抑制作用(防原纤化作用),严重时将影响次级原纤化过程中织物表面的绒效应,并使织物的柔软性有一定程度的降低,尤其是染深色时更为突出。

对于要求光洁织物,应选用多活性基团的活性染料,再结合树脂整理,将有效地减轻织物在服用及洗涤过程中的原纤化和起毛起球现象,减轻服装在穿着洗涤后的陈旧感。

1.染色工艺流程

前处理半制品→染色→固色→皂煮 →脱水→烘干

2.染液处方及工艺条件

活性染料(owf)	X%
浴中宝 C(g/L)	0.1 ~ 0.2
无水硫酸钠(g/L)	20 ~ 80

浴比	1:(5~12)
染色温度（℃）	视染料类别而定
染色时间（min）	10~25
固色纯碱（g/L）	5~30
固色温度（℃）	视染料类别而定
固色时间（min）	10~25
皂煮净洗剂（mL/L）	0.5~1.5
皂煮温度（℃）	85~95
皂煮时间（min）	10~15

3. 次级原纤化 若加工的成品要求有绒面效果，染色后应进行次级原纤化，也称二次原纤化。与初级原纤化不同，此时次级原纤化主要发生在纱线交叉点处，原纤较短，分散在交叉点四周，不会起球。由于原纤很细，虽然得色量相同，但反射率高，视觉上颜色浅，使织物产生砂洗或桃皮绒的"霜花"感觉。

（二）莫代尔（Modal）纤维的染色

莫代尔（Modal）纤维是由奥地利兰精（Lenzing）公司生产的一种环保型纤维素纤维。该纤维柔软、顺滑，具有真丝一般的光泽和质感，染色性能好，吸湿率比棉纤维高50%，吸湿速率快，可使穿着者保持干爽、舒适的感觉，是高质量针织内衣的理想纤维原料。以 Modal 针织汗布染整生产工艺为例：

1. 染色工艺流程

坯布→配缸→前处理→染色→脱水→烘干

2. 染液处方及工艺条件

活性染料（owf）	$X\%$
浴中宝 C（g/L）	0.1~0.2
无水硫酸钠（g/L）	20~80
非离子表面活性剂（g/L）	0.2
浴比	1:(10~12)
染色温度（℃）	视染料类别而定
染色时间（min）	10~25
固色纯碱（g/L）	5~30
固色温度（℃）	视染料类别而定
固色时间（min）	10~25
皂煮净洗剂（mL/L）	0.5~1.5
皂煮温度（℃）	85~95
皂煮时间（min）	10~15

根据染色加工所选机器的加工能力来配发投染织物的匹数和重量。并打印缸号、确保清楚明确。染料的选用以 B 型活性染料为主，该染料分子结构中含有两个活性基团，其中一个是一

氯均三嗪活性基团,耐碱性较好:另一个是β–硫酸酯乙基砜型活性基团,耐酸性较好。这样不仅可以提高染料的固色率,而且染色牢度也较高。

Modal 汗布染色加工时最容易产生的疵病是折印,为了克服这一缺点,首先对染色机械应加以选择。一般以选用溢流染色机为好,染色时染液从浸渍槽底部抽出,经热交换器加热后进入溢流槽。由于染液的流速较织物运动快,溢流的染液带动织物作同向运动,织物在液流中处于松弛状态,所受张力较小,得色均匀、手感柔软。

七、活性染料染色质量控制

活性染料染色常见疵病及预防措施见表 4-10 所示。

表 4-10　活性染料染色常见疵病及预防措施

常见疵病	产生原因	预防措施
色花	1. 大量色花主要是练漂不匀或工艺有问题 2. 氯漂或氧漂后布上残留的化学品未除尽 3. 促染剂加入太多或不均匀 4. 固色剂加入太多、太快 5. 染机转速太慢 6. 布在机内打结或停机时间过长 7. 水质硬度过高	1. 加强练漂,研究练漂工艺及操作方法,找出原因进行改进 2. 前处理加强水洗或染前在机内热洗一次 3. 盐或元明粉少加或溶解后分批加入 4. 纯碱或磷酸三钠最好溶解后分批加入 5. 提高染机及布循环的速度 6. 操作人员要把布匹理好入机,防止打结,停机要及时处理 7. 加入软水剂六偏磷酸钠0.5%或改用软水染色
色差(同机色差)	1. 机内加热不匀 2. 同机每匹布的长短差异较大 3. 加料不匀	1. 改进机内加热管,使加热均匀 2. 要尽量使布的长短差异减少 3. 应均匀加料
缸差(机差)	1. 工艺条件控制不一,如浴比、温度、时间等没有严格控制 2. 盐和助剂用量不一 3. 前处理的坯布白度不一 4. 后处理的肥皂或净洗剂用量不一或工艺条件控制不一 5. 染化料的质量差异	1. 严格按工艺条件操作,掌握每一机台的浴比、温度、时间,各批之间要一致 2. 纯碱和匀染剂要按布的重量计算,并正确称重 3. 加强练漂,使的白度前后一致 4. 不能忽视后处理的重要性,要严格控制工艺条件 5. 加强进厂染化料的检验,用时通知操作人员采取措施
水洗牢度差	1. 皂洗后水洗不净 2. 使用的染料质量差或堆放不当,使染料水解变质	1. 皂洗后要充分水洗,把残留在布上的皂液除尽 2. 加强进厂染料的检验,堆放时间过长的染料应采取相应措施
风印	1. 染色后未能及时烘干 2. 烘干后未能均匀冷却 3. 固色后水洗不尽	1. 染好的布要及时烘干,不能久堆不烘,尤其活性翠蓝KN-G更要特别注意 2. 烘干后不能堆在风中吹冷风 3. 固色后应充分洗尽

☞ **思考题**

1. 当活性染料在碱剂存在下染色时,通常会发生哪些反应? 在一般情况下哪个反应占优势,为什么?

2. 为了提高活性染料的上染率,在上染过程中采取下列措施可否,为什么?

(1)加入大量电解质促染。

(2)提高染液温度。

(3)采用小浴比染色。

3. 试述活性染料的染色过程及电解质和碱剂的作用。

4. 活性染料除广泛地应用于纤维素纤维,还可用于哪些纤维制品的染色?

任务3　还原染料染色

一、还原染料的特点

还原染料的分子结构中不含有水溶性基团,不能直接溶解于水。但其分子结构中含有两个或两个以上的羰基,染色时在强还原剂和碱性的条件下,使染料还原成为可溶性的隐色体钠盐,它对纤维具有亲和力,能上染纤维。隐色体上染纤维后再经氧化,又转变成原来不溶性的染料而固着在纤维上。

还原染料的品种较多,色谱较全,色泽鲜艳,染色牢度好,有较好的耐洗和耐晒牢度。但其价格较高,红色品种较少,特别缺乏鲜艳的大红色。染色工艺比较复杂,部分染料染浓色时摩擦牢度较低。某些黄、橙色染料在日光作用下会促进纤维氧化损伤而具有光敏脆损作用。

还原染料主要用于棉及涤/棉纺织品的染色,也可用于黏胶纤维等纤维素纤维、维纶等纤维的染色。由于还原染料的价格较高,染色工艺较复杂,有些染色品种已逐渐被活性染料取代,因此近年来还原染料的应用呈现下降趋势。

二、还原染料的分类及主要性能

还原染料按照化学结构可分成蒽醌类和靛类两大类,近年来还出现一些新的衍生物。

(一)蒽醌类还原染料

这是还原染料中最重要的一类。凡是以蒽醌或其衍生物合成的还原染料,以及具有蒽醌结构的染料,都属于这一类。蒽醌类还原染料类型、典型结构及主要特点见表4-11。

蒽醌类染料各项坚牢度都比较良好,色谱比较齐全,色泽较鲜艳,对棉纤维亲和力高,但染料的合成步骤复杂,原料昂贵,因此价格较高,一般只能用于高档织物。色谱中红色较少,而且都不鲜艳,染色时要求的技术条件较高,生产时污染严重,治理困难。

表 4 −11　蒽醌类还原染料类型、典型结构及主要特点

分类	典型结构	主要特点
酰胺蒽醌类	 还原黄 WG	匀染性好,耐氯、耐洗牢度好。在强碱高温下易发生水解,宜在较低温度和较低烧碱浓度下进行还原和染色
亚胺蒽醌类	 还原橙 6RTK	在热碱溶液中容易发生水解
咔唑蒽醌类	 还原棕 BR	有非常大的亲和力,有很高的染色牢度
蓝蒽酮类	 还原蓝 RSN	染料色泽鲜艳,各项染色牢度优秀
黄蒽酮类	 还原黄 G	黄蒽酮及其衍生物大部分为黄色,染色性能良好,耐氯漂牢度较好,耐晒牢度中等

分类	典型结构	主要特点
芘蒽酮类	还原金橙 G	芘蒽酮及其衍生物大部分为橙色,颜色鲜艳,各项染色牢度基本都能达到最高等级
二苯嵌蒽酮类	还原艳绿 FFB	具有鲜艳的绿色和紫色染料,具有良好的染色牢度,对纤维素的亲和力高,大都适宜在较高温度和碱浓度较高的条件下染色
含噻唑结构类	还原黄 GCN	大多数是黄色,少数是红色和蓝色,对纤维素纤维有较好的直接性。大多数黄色染料对纤维素纤维有光敏脆损作用

(二)靛类还原染料

靛类还原染料包括靛蓝及其衍生物、硫靛及其衍生物,具有靛蓝和硫靛混合结构的对称或不对称染料,以及半靛结构的染料等。靛类还原染料的结构分类及性能见表 4 – 12。

表 4 – 12　靛类还原染料类型、典型结构及主要特点

分类	典型结构	主要特点
靛蓝结构类	靛蓝	色牢度好,色泽萎暗,卤化后的靛蓝色泽比较明亮,对纤维素纤维的亲和力较大
硫靛结构类	还原红 5B	颜色鲜艳,染色牢度比较好

续表

分类	典型结构	主要特点
靛蓝—硫靛 混合结构类	 还原紫 BBF	色泽大部分为紫色
半靛结构类	 还原印花蓝 2G	一半为靛蓝结构或硫靛结构,另一半为蒽醌结构

三、还原染料染色过程

（一）还原染料的还原溶解

1. 还原反应　还原染料不溶于水,在碱性溶液中可在还原剂的作用下将染料分子中的羰基还原成为可溶性的隐色体钠盐(简称隐色体)而上染纤维素纤维。最常用的还原剂是连二亚硫酸钠,俗称保险粉。最常用的碱剂是烧碱。为了能在纤维上采用还原染料染色,首先必须使染料得到正常的还原。

以蒽醌类还原染料为例,当受到氢氧化钠和保险粉的作用时,所生成的隐色体在碱性介质中就可能完全成为电离的钠盐状态:

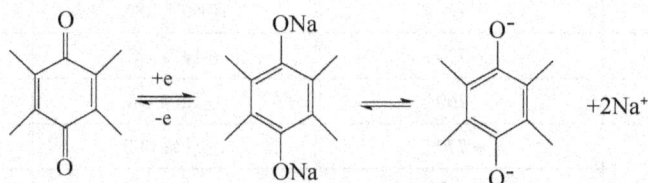

染料变成隐色体后,结构发生了变化,因此颜色也发生相应的变化。靛系还原染料的隐色体颜色通常比染料本身的颜色浅,一般是黄绿色或黄色。蒽醌还原染料隐色体的颜色一般较染料更深。这种不同的现象可以用蒽醌和靛蓝的对比来说明。

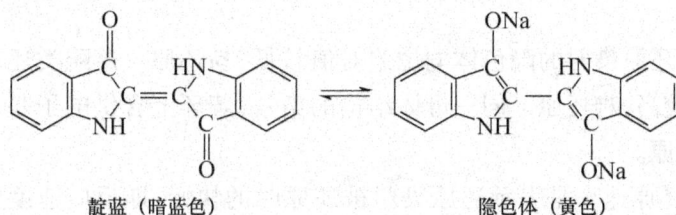

靛蓝（暗蓝色）　　　　　隐色体（黄色）

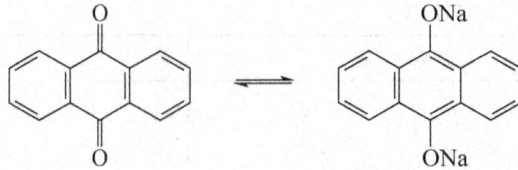

靛蓝处于内盐形式时,处于高度极化状态。整个分子共轭双键贯通,但当它还原成隐色体钠盐时,共轭双键减少,并失去了吸电子基团,因此吸收波长向短波长方向移动,颜色变浅。蒽醌本身两个苯环之间共轭双键不贯通,经还原成隐色体后,整个分子共轭双键贯通,因此吸收波长向长波方向移动,颜色变深。蒽醌的隐色体的深色效应,可以代表所有蒽醌还原染料在还原浴中的深色现象,因为绝大多数蒽醌类还原染料成为隐色体后,都能增加共轭双键。

2. 还原性能

(1)隐色体电位:隐色体电位是指在一定条件下,用氧化剂(赤血盐)滴定已还原溶解的还原染料隐色体,使其开始氧化析出时所测得的电位。隐色体电位表示还原染料还原的难易程度。还原染料隐色体电位为负值,它的绝对值越小,表示染料越容易被还原,还原时可采用较弱的还原剂,且还原状态比较稳定;如果染料的隐色体电位绝对值大,表示该染料较难被还原。只有当还原剂的还原电位绝对值大于该染料隐色体电位时,才能使染料还原溶解。由于保险粉的还原能力强,例如:0.055mol/L $Na_2S_2O_4$ 和 0.5mol/L NaOH 溶液,60℃时的还原电位是 $-1137mV$,足以还原所有的还原染料,所以保险粉是最常用的还原剂。一些还原染料的隐色体电位见表4-13。

表4-13　一些还原染料的隐色体电位

还原染料名称	隐色体电位(mV)	还原染料名称	隐色体电位(mV)
还原黄 G	-640	还原深蓝 BO	-830
还原蓝 2B	-690	还原绿 3B	-830
还原紫 RH	-720	还原蓝 RSN	-850
还原桃红 R	-730	还原黄 GC	-860
还原灰 M	-760	还原绿 GG	-860
还原棕 RRD	-770	还原绿 FFB	-865
还原金黄 GK	-770	还原紫 RR	-870
还原橙 RF	-780	还原灰 BG	-910
还原黄 6GK	-790	还原橄榄 R	-927
还原蓝 GCDN	-815		

注　测定条件:染料浓度 0.5%,NaOH 4g/L,$Na_2S_2O_4$ 4g/L,60℃。

一般来说,靛系还原染料的隐色体电位绝对值较低,易还原。蒽醌类还原染料中的大多数隐色体电位绝对值较高,难还原。同一母体结构的染料,若环上含供电子基,则难还原;若环上含吸电子基,则易还原。

(2)还原速率:还原速率是表示还原染料被还原时的快慢,即反应速度的大小。还原速率一般用半还原时间($t_{1/2}$)来表示,即染料还原达到平衡浓度一半量时所需要时间。半还原时间越长,表示染料还原的速率越慢;反之,半还原时间越短,表示染料还原的速率越快。

还原速率与染料隐色体电位都是用来表示染料的还原性能的。一般规律是靛蓝染料的隐色体电位负值较小,但它们的还原速率却很缓慢;蒽醌类染料的隐色体电位负值较高,但还原速率却很快。例如还原橙 RF(靛类),它的隐色体电位是 −780mV,在测定条件:NaOH 20g/L,$Na_2S_2O_4$ 20g/L,40℃时,半还原时间长达 50min;而还原橙 9 号(蒽醌类)的隐色体电位虽为 −892mV,半还原时间却只有 36s。

还原速率除取决于染料的分子结构外,还与染料颗粒的大小、还原时的条件等因素有关。染料颗粒越大,单位重量染料的表面积越小,即与溶液的接触面(反应面积)越小,还原速率越低。染料的结晶性质也影响还原速率的大小。若染料形成结晶,则还原速率降低,故染色时以采用超细粉还原染料为佳。

(3)还原剂:还原染料在还原剂和碱剂的作用下被还原,生成隐色体钠盐而上染纤维,因此在还原染料的应用中,还原剂是最重要的助剂。

①连二亚硫酸钠(保险粉):分子式为 $Na_2S_2O_4$,结构式为:

$$Na-O-\overset{\overset{\textstyle O}{\|}}{S}-\overset{\overset{\textstyle O}{\|}}{S}-O-Na$$

商品形式有两种,一种是不含结晶水的,呈淡黄色粉末;另一种含两分子结晶水,为白色细粒状,具有流动性。保险粉易溶于水,有很强的还原能力,在空气中很不稳定,受潮会被迅速氧化,甚至会燃烧起来;遇酸则发生剧烈分解,释放出二氧化硫;在 pH 值等于 10 时较稳定,要避光防潮密封储存。在染色时,染液温度越高,循环速度越快,接触空气的机会越多,则保险粉分解损耗越多。实际上,染色中用的保险粉大部分是被空气氧化和自身分解而消耗掉的。

在碱性条件下,保险粉按下式反应放出电子,染料接受电子被还原成隐色体:

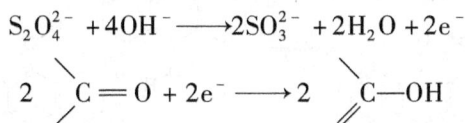

$$S_2O_4^{2-} + 4OH^- \longrightarrow 2SO_3^{2-} + 2H_2O + 2e^-$$

$$2 \underset{\diagdown}{\overset{\diagup}{}}C{=}O + 2e^- \longrightarrow 2 \underset{\diagdown}{\overset{\diagup}{}}C{-}OH$$

染色时,烧碱和保险粉的用量随所用的染色方法、染料种类、染色浓度等不同而异,染色过程中常常要补加一定量的保险粉,使染料保持良好的还原状态。

②二氧化硫脲(简称 TDO):二氧化硫脲也是一种优良的还原剂,它与保险粉相比具有稳定性好、还原能力强,储藏安全,用量少和无污染性等优点。但对蓝蒽酮类染料容易造成过度还原且色泽变化剧烈,其还原速度较慢,如果掌握不好,往往造成得色较淡。所以在生产中应用有一定的限制。

(4)还原方法:还原染料的还原方法按还原条件及操作方法的不同一般有全浴还原法和干缸还原法。

①全浴还原法:全浴还原法是直接在染浴中进行染料还原的方法,也称养缸还原法。操作过程是:将还原染料用分散剂和少量温水调成均匀薄浆,再加适量温水稀释、搅匀;染缸中按浴比加足水量,加入规定量的烧碱,滤入调好的染液,并加热至规定温度,搅拌后加入规定量的保

险粉,进行还原 10～15min 后即可染色。

全浴法具有还原浴比大,烧碱、保险粉浓度相对较低,还原条件相对温和的特点。一般适用于还原速率较快,隐色体溶解度低或在高浓度保险粉和烧碱浓度下容易碱性水解、过还原、脱卤等副反应的染料,如还原大红 R、还原蓝 RSN、还原蓝 BC、还原蓝 GCDN、还原湖蓝 3GK 等。

②干缸还原法:干缸还原法又称小浴比还原法。还原时染料及助剂不直接加入染缸,而先在另一较小的容器中进行还原,然后将还原好的染料隐色体滤入加有规定液量的染缸中再进行染色。干缸还原法的具体操作是:将还原染料用分散剂和少量温水调成浆状,加水稀释,控制干缸浴比为 1∶50 左右;加入 2/3 规定量的烧碱,搅匀,升温至还原温度,缓缓加入 2/3 规定量的保险粉,保温还原 10～15min。染缸内加入规定量的水,升温至染色温度,加入余下的烧碱、保险粉;将已经还原好的隐色体溶液滤入染缸,搅匀。

干缸还原法具有还原浴比小,烧碱、保险粉浓度相对较高,还原条件相对剧烈的特点。一般适用于还原速率较慢,隐色体溶解度高的染料。

(5)不正常的还原现象:还原染料还原过程中,因条件控制不当,有时会产生不正常的还原现象,这些现象比较复杂,主要有以下几种。

①过度还原:一些含有氮杂苯结构的还原染料,主要是黄蒽酮和蓝蒽酮类还原染料,它们分子结构中的羰基在正常情况下并不全部被还原,如果还原液的温度过高或烧碱和保险粉的浓度过高,就会引起过度还原。如还原蓝 RSN 因分子内形成氢键,在正常 60℃ 还原时,只有两个羰基被还原,得到的隐色体亲和力较高,染物色光较好。但如果还原条件激烈,温度在 70℃ 以上时,四个羰基都被还原,共轭双键被—NH—所阻断,则染物的得色萎暗,在更剧烈的条件下,进一步过还原,则染料几乎完全丧失对纤维的亲和力,同时氧化后也不能再恢复到原来的染料。

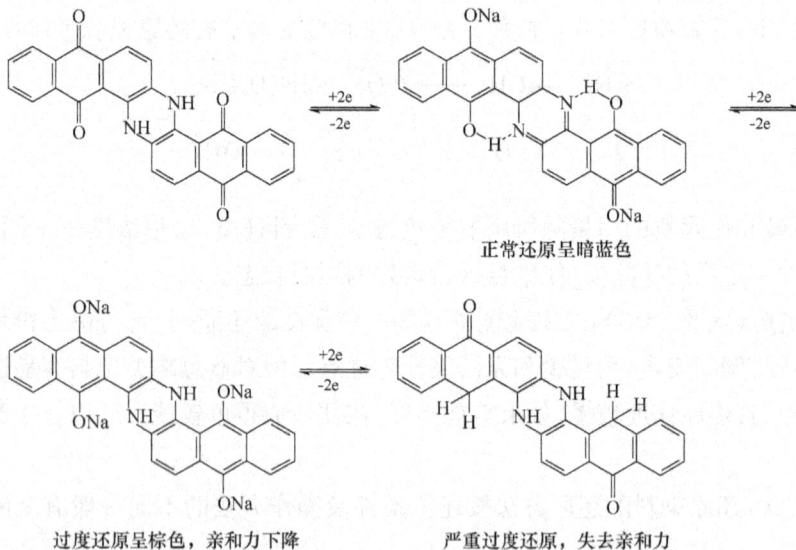

正常还原呈暗蓝色

过度还原呈棕色,亲和力下降   严重过度还原,失去亲和力

②脱卤:在生产还原染料时,常常用卤化来改进染料的色光和染色性能。分子中含有卤素基的染料,在高温、浓碱下还原容易发生脱卤现象。如生产上广泛使用的还原蓝 BC,高温还原会使分子中两个氯原子脱落,变成为卤化的蓝蒽酮的隐色体,氧化后色光变红,产品的耐氯牢度下降。

正常还原

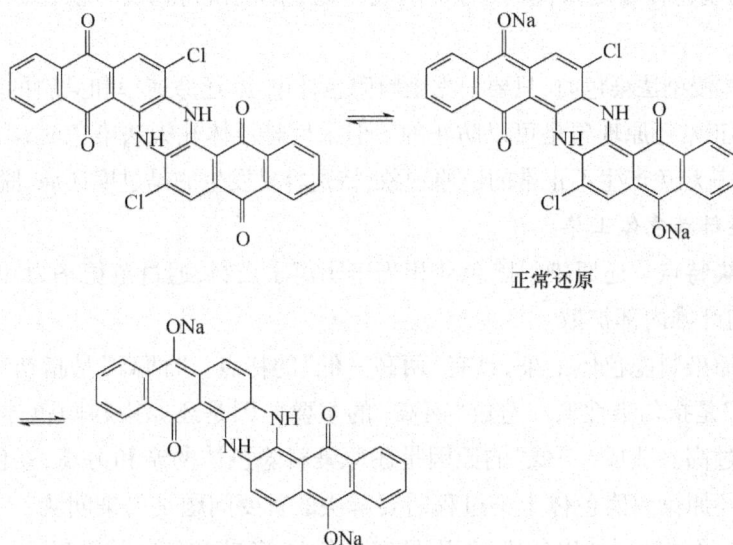

不正常还原改变色光,影响牢度。

③分子重排:染料被还原后,若烧碱量不足,有些染料会发生分子重排,例如还原蓝 RSN,正常还原得到的隐色体是暗蓝色,若烧碱浓度太低,就会生成难溶的紫色蒽酚酮化合物。

分子重排后,即使再添加烧碱,也难以恢复成正常的隐色体。分子重排现象以蓝蒽酮类染料最容易发生,酰胺类、噻唑类还原染料也有可能发生这种现象。

④水解:一些酰氨基结构的还原染料,在温度和碱浓度较高的情况下会发生水解,使色光、染色性能和染色牢度发生变化。例如还原橄榄绿 R、还原棕 R、还原金橙 3G 等。如还原橄榄绿 R:

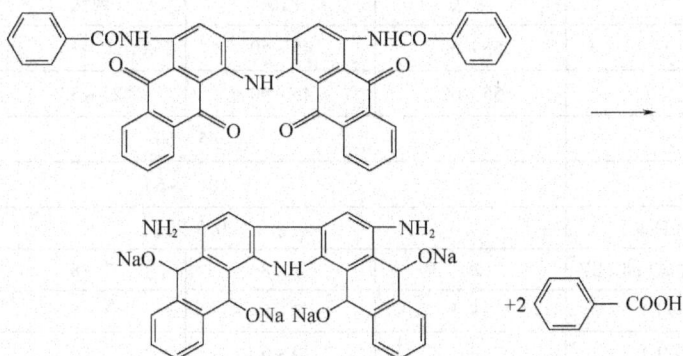

⑤结晶:染料隐色体浓度太高时,有可能发生隐色体结晶和沉淀现象,因而不能进行正常染色。

在采用隐色体浸染法染色时,只要根据染料隐色体电位、还原速率和染料的其他特性,选择合适的还原条件,不正常还原现象是可以防止的。但采用悬浮体轧染法染色时,由于还原条件难以控制,有一些染料就难免产生不正常的还原现象,特别容易发生的是过度还原、脱卤和水解。

（二）还原染料隐色体上染

1.隐色体上染特点　还原染料隐色体相当于阴离子染料,通过范德华力和氢键被吸附在纤维表面,然后再向纤维内部扩散。

实验证明还原染料隐色体上染,具有"两高一低"的特点。"两高"是指初染率高,平衡上染百分率高;"一低"是指匀染性低。造成"两高"的主要原因是还原染料隐色体的亲和力高或染液中电解质浓度过高。造成"一低"的原因是还原染料隐色体的亲和力高,染色温度低,染料扩散性能差。因此还原染料隐色体上染过程需要解决的首要问题是匀染问题,一般需在染液中加入骨胶、平平加 O 等匀染剂加以匀染,否则易产生色差、色花和环染等染疵。

2.隐色体染色方法　由于各还原染料隐色体具有不同的性能,因而采用不同的染色方法。常用的染色方法有如下几种。

（1）甲法:此类染料的分子结构较复杂,隐色体的聚集倾向较大,亲和力较高,扩散性能差,要在较高的染色温度(60℃左右)和较高烧碱浓度下染色,不加促染剂。这类染料的匀染性较差,染色时可用缓染剂。

（2）乙法:这类染料的性能介于甲法和丙法染料之间,在较低温度(45~50℃)和较低的烧碱浓度下染色。在染中色、浓色时,要加适量促染剂,以提高上染百分率。在染淡色或再生纤维素纤维时可以不加促染剂。

（3）丙法:这类染料的分子结构较简单,亲和力较低,扩散性较好,匀染性较好,在低温(25~30℃)和碱浓度低的条件下染色,染色时要加促染剂,以提高上染百分率。

（4）特别法:此类染料一般还原速率特别慢,不易发生副反应。如硫靛结构的还原染料。通常需在较高的温度(70℃左右)和较高的保险粉和烧碱浓度下进行还原、上染,一般不加促染剂。染色方法及工艺条件见表4-14。

表4-14　还原染料隐色体染色方法及工艺条件

染色方法		甲法	乙法	丙法	特别法
还原温度(℃)		55~60	45~50	20~30	70~80
染色温度(℃)		55~60	45~50	25~30	50
染色时间(min)		45~60			
浴　比		1:(3~6)			
淡色	染料(owf)	0.3 以下			
	30%(36°Bé)烧碱(mL/L)	20	7~8	7~8	6~20
	保险粉(g/L)	3~5	3~5	3~5	3~5
	元明粉(g/L)	—	0~6	0~6	—

续表

染色方法		甲法	乙法	丙法	特别法
中色	染料(owf)	0.3~2			
	30%(36°Bé)烧碱(mL/L)	25	8~12	8~12	10~25
	保险粉(g/L)	5~8	5~8	5~8	5~8
	元明粉(g/L)	—	6~12	6~18	—
浓色	染料(owf)	2~4			
	30%(36°Bé)烧碱(mL/L)	30	10~20	12~18	20~30
	保险粉(g/L)	8~12	8~12	8~12	8~12
	元明粉(g/L)	—	12~20	18~25	—

(三)还原染料隐色体的氧化

上染到纤维上的隐色体必须经过氧化,使它在纤维内恢复成原来的不溶性的还原染料。

还原染料隐色体的氧化可以通过冷水淋洗(即水中氧气氧化)、透风(即空气氧化)或浸轧氧化液氧化,选用何种方式氧化主要取决于染料隐色体的氧化速率。常用的氧化剂有过硼酸钠、双氧水等。

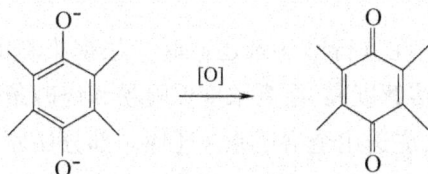

有些染料在剧烈的氧化条件下会发生过度氧化现象,使颜色发生改变,如还原蓝 RSN 在剧烈的氧化条件下,会生成吖嗪结构的化合物,颜色变暗并带绿光。靛类染料过度氧化能生成靛红。

与还原蓝 RSN 结构相似的染料,如还原蓝 5G、还原蓝 BC 等也会发生这种现象。这一类染料若发生过氧化,用稀的保险粉溶液处理,仍可回复原来的色泽,但并不是所有的染料都能用这种方法来补救。对于容易过度氧化的染料,应避免用重铬酸盐或其他强烈的氧化剂处理,并在氧化前尽量用水冲洗,以除去染物上残余的烧碱,避免在带碱的情况下氧化。

(四)染色后处理

染料隐色体被氧化后,接着进行水洗、皂煮处理。皂煮的目的是除去附在纤维表面的不溶性染料颗粒,即所谓"浮色"。"浮色"的去除能提高染色物的洗涤和摩擦牢度,同时还能改变纤维内染料微粒的聚集、结晶等物理状态,获得稳定的色光,并提高某些染料的日晒牢度。

"浮色"主要是由于染物表面的残液未曾充分去除即被氧化而形成的。它们在纤维表面呈高度的分散状态,皂煮前最好用温水冲洗,去除部分浮色。若氧化后立即进行高温皂煮,纤维表面高度分散的染料会凝聚黏附在纤维上,反而不容易去除。

皂煮后某些染物的色光会发生变化,有的很明显。许多染料如还原蓝 2B、还原深蓝 BO、还原橄榄 R、还原橄榄 B、还原棕 RRD、还原紫 2R、还原蓝 RSN 等只有通过皂煮才能获得稳定的色光,同时耐晒牢度有所提高。若皂煮不足,在以后洗涤过程中就容易发生色变。皂煮之所以有这样的作用,主要是因为染料分子在纤维中的物理状态发生了变化。在染色时,染料隐色体分子吸附在纤维中孔隙的壁上,并沿着纤维分子链定向。氧化后,染料隐色体转变成不溶性的染料,它们和纤维之间的吸引力较小,处于高度分散的状态,在皂煮过程中的热和湿的作用下,染料分子发生移动,形成聚集,甚至形成微晶体,染料分子的取向也从原来与纤维链的平行状态趋向于纤维分子链垂直状态,这就引起染料吸收光谱或颜色的改变。

四、还原染料的染色方法及其工艺

(一)还原染料隐色体染色工艺

还原染料隐色体的染色法是传统的染色方法。这种染色方法是将染料用氢氧化钠和保险粉预先还原为隐色体染浴,然后通过浸染使染料上染纤维,再进行氧化、皂煮而成。此法可采用浸染或卷染,具有设备投入少,操作较麻烦,匀染性、透染性较差,易出现"白芯"现象,一般宜选用匀染性较好的染料。

1. 一般工艺流程

染料预还原→浸染或卷染→水洗→氧化→皂洗→水洗

2. 工艺说明

(1)染料还原方法的选择:在进行染料预还原时应根据染料的性能选择适当的还原方法,对于还原速率低,染料隐色体溶解度高,在高浓度保险粉和烧碱条件下不易发生副反应的染料,可选用干缸还原法还原;反之,应选用全浴还原法还原。部分还原染料的还原方法见表 4 – 15。

表 4 – 15 部分还原染料的还原方法及还原温度

染料名称	还原方法	还原温度 (℃)	染料名称	还原方法	还原温度 (℃)
还原金黄 RG	干缸	50	还原蓝 RSN	全浴	60
还原艳橙 RK	干缸	50	还原蓝 BC	全浴	55 ~ 60
还原艳桃红 R	干缸	80 ~ 90	还原深蓝 BO	干缸	60
还原大红 R	全浴	50	还原棕 BR	干缸	40 ~ 50
还原艳紫 2R	干缸	60	还原棕 RRD	干缸	75 ~ 80
还原绿 FFB	干缸	60	还原灰 M	干缸	55 ~ 60
还原橄榄绿 B	干缸	60	还原黑 BB	干缸	60

(2)染色方法的选择:在采用浸染或卷染法进行染料隐色体上染时应根据染料隐色体的性能选择合理的染色方法。

各种还原染料的隐色体在染浴中有不同程度的聚集。聚集倾向较大的染料需要在氢氧化钠浓度较高的染液中才能较好地溶解,而且它们的扩散速率较低,染色时必须适当提高温度,以加速上染过程。反之,聚集倾向较小的染料,则需要适当降低氢氧化钠浓度,同时由于它们的扩散速率较高,上染温度应该降低。用这种染料染色,如果在常规的染色时间内升高温度,反而会导致上染率的降低。由于各种染料的隐色体聚集倾向不同,它们对促染剂的效应也大不相同。聚集度小的,可在染浴中添加氯化钠或硫酸钠,以提高上染率;聚集度大的,在一般条件下上染率不低,不需要再添加这些促染剂。一般而言,对于聚集度大的染料宜采用甲法染色;对于聚集度小的染料宜采用丙法染色。常用染料所适用的染色方法可查《染料应用手册(第2版)》。部分还原染料隐色体染色方法见表4-16。

表4-16　部分还原染料隐色体染色方法

还原染料名称	染色方法	还原染料名称	染色方法
还原黄6GK	丙法	还原蓝BC	甲法
还原黄GCN	甲法	还原深蓝VB	甲法
还原黄G	甲法	还原艳绿FFB	甲法
还原金黄RK	丙法	还原绿GG	甲法
还原黄3RT	乙法	还原绿F4GH	甲法
还原橙GR	甲特法	还原橄榄绿B	甲法
还原大红R	乙法	还原橄榄绿R	乙法
还原红FBB	乙法	还原橄榄绿T	甲法
还原紫2R	甲法	还原红棕5RF	乙法
还原蓝RSN	甲法	还原棕R	乙法
还原蓝2B	甲法	还原灰BG	乙法

(3)氧化方法的选择:不同的染料应根据其氧化速率的大小选用不同的氧化方法。对于氧化速率大的染料应采用水洗、透风氧化;对于氧化速率小的染料应采用水洗、氧化液氧化。

常见氧化液的氧化工艺是:过硼酸钠2~4g/L,30~50℃,10~15min;或双氧水0.6~1g/L,30~50℃,10~15min。

(4)皂煮工艺:皂煮是在3~5g/L肥皂和3g/L纯碱配制的皂煮液中进行的,一般需在95℃以上处理5~10min。

染料隐色体的卷染法在目前生产中应用较为普遍。这种生产方法能够适应小批量多品种织物,适合消费者需要,但是劳动生产效率较低。近年来在结构上有了不少改进,例如减小染浴容量、自动调向、自动调速以降低织物的张力以及加盖密封和外套钢筒、进行高温高压染色等。卷染染色一般在45~60min内完成,如每道需8min左右,则需6~8道,卷染时染色作用并不仅仅是在织物通过染浴时发生,而且也发生在织物带着染液而进行卷绕的过程中,这时候染液的移动为匀染提供了保证。染色浴比一般是1:(3~5),但也有采取1:2的浓浴染色的。卷染时染浴中的氢氧化钠与保险粉的浓度较高。

3.还原染料隐色体卷染法典型工艺举例　43.5tex×43.5tex纯棉平布,蓝布,每卷(轴)长度:480m(12匹),重量:58~59kg。

染液组成:

还原蓝 RSN(53%,g)	1560
还原紫 2R(120%,g)	54
氢氧化钠	染料量的 2.8~3.2 倍
保险粉(85%)	染料量的 1.4~1.8 倍
碳酸钠(g)	250~300
消泡剂	适量
染浴总量(L)	220~260

氧化浴组成:

过硼酸钠(g)	300~500
浴量(L)	220~260(pH 值控制在 10~11)

皂煮浴组成:

丝光皂(60%,g)	800~1000
碳酸钠(g)	400~500
浴量(L)	150~200

工艺流程:

预还原→染色(6~10 道)→水洗(4 道)→氧化(4 道)→皂煮(4~6 道)→热水洗(两道)→冷水洗(1 道)→上卷

(二)还原染料悬浮体轧染工艺

由于还原染料隐色体上染时具有初染率高和移染性差的特点,因此棉织物采用隐色体染色法较难获得匀染和透染的效果。如果将还原染料制成很细的颗粒,在扩散剂的作用下制备成一种还原染料的悬浮液,借助轧辊的作用将这种悬浮体液均匀地分布在织物上,这时织物上的染料对纤维并无直接性,仅是机械地附着。然后在通过还原剂的碱性溶液,在高温汽蒸条件下将染料还原成隐色体,而与纤维发生染色作用。最后通过水洗、氧化、皂煮等完成染色过程,这种方法称为还原染料的悬浮体轧染法,采用这种方法染色的织物表面比较光洁,均匀度较好,同时又能获得较好的透染效果,改善了"白芯"现象。

1. 工艺流程

浸轧染料悬浮液→烘干→浸轧还原液→汽蒸→水洗→氧化→皂煮→水洗→烘干

2. 工艺说明

(1)浸轧染料悬浮液:制备稳定的染料悬浮液是获得悬浮体轧染染色成功的关键因素,一般要求染料颗粒(或至少有 80% 以上)的直径小于 $2\mu m$,且无大的颗粒存在。染料颗粒越小,染料悬浮液越稳定,对织物的透染性越好,还原速率越快;染料颗粒太大会因染料颗粒产生沉降或还原不充分,从而造成色差、色点、降低染料利用率。

染料颗粒细度的测定方法一般有两种,即显微镜测微法和滤纸渗圈法。显微镜测微法是将研磨过的染料配制成 0.5g/L 的染液。取一滴滴在一载玻片上,然后盖上一块盖玻片,用显微镜观察,从标尺可直接读出颗粒直径,并与标样进行对比,这种方法测定的精确度较高。滤纸渗圈法是将已磨好的染料配成 5g/L 的浓度,取 0.2mL 滴在滤纸中央,染料随水向四周扩散,晾干后观察染料的扩散情况,根据染料扩散性能测试样卡(渗圈标样)评定等级,五级最好,一级最差。研磨后的染料一般要求达到 4 ~ 5 级,这时渗圈的情况一般为:扩散形成的圆形直径为 3 ~ 5 cm,圆内无水印,圆心无色点、色圈,染料扩散均匀,外圈有一圈深色。滤纸渗圈法操作简便,也能得到较好的测定效果,在实际生产中应用较多。

商品染料有粉状和液状两种,粉状染料又有粗粉状、细粉状和超细粉状三种。其中粗粉状不符合要求,需进行研磨后才可使用。由于商品化染料中均加有分散剂,因此使用时可视具体情况补加一些或不加。

悬浮体参考处方见表 4 – 17。

表 4 – 17　悬浮体参考处方

项目	淡色	中色	浓色
染料(g/L)	10 以下	11 – 25	25 以上
分散剂(g/L)	0.5 ~ 1	1 ~ 1.5	1.5

为了提高悬浮液的润湿渗透性,可加入渗透剂 T、JFC 等。为了减少在浸轧染液后的烘干过程中染料的泳移,在染液中可加入适量抗泳移剂。

浸轧染料悬浮液时,一般采用一浸一轧的浸轧方式,因为染料悬浮体对纤维无直接性,只是机械地附着,所以不需多浸多轧。轧液率一般要求在 60% ~ 70%,以减少烘干时染料的泳移。轧槽容积宜小,一般在 30 ~ 40L。容积过大,不利于新旧染液的交换,染料颗粒易沉淀;但容积过小,液位不易控制,也容易造成色差。轧槽内染料悬浮液应保持较低的温度,不宜超过 40℃,温度太高,染料易凝聚,容易产生色差、色点等疵病。

(2)烘干:浸轧后织物烘干时要尽量保证织物受热均匀,以防止染料产生泳移,一般可先用红外线或热风预烘,再用烘筒烘干,烘干后的织物应先冷却,再浸入还原液,以避免还原液温度上升,导致保险粉分解损耗。织物在浸入还原液及还原汽蒸前应严防水滴滴落在织物上。

(3)浸轧还原液:为了保持还原液的稳定,还原液应保持较低温度(30℃),为此,还原液轧槽应具有夹层冷却装置,内通流动冷水,织物浸轧还原液后应立即进入蒸箱,以免织物长期暴露在空气中造成保险粉氧化受损。还原液槽容积宜小,以便于保持还原液的新鲜。初开车时,由于蒸箱内有空气,故轧槽中初始液要多加一些保险粉和烧碱。织物经过还原液时,附着在纤维上的染料颗粒会溶解落入轧槽,导致初开车时得色较淡,为了改善这一现象,在实际生产中,常在还原液槽内先加入一些染料悬浮液和食盐。为防止外界的空气进入蒸箱,还原蒸箱进出布口要采用液封口,一般进布口用还原液封口,出布口用水封口,即放入流动冷水,它兼有洗去织物上尚未上染的染料、烧碱和保险粉的作用。蒸箱顶部应装有蒸汽夹板,以防止水滴滴下造成疵病,还原蒸箱内温度应保持在 102 ~ 105℃,压力约为 980Pa,多数染料在汽蒸中还原、溶解并与织物染着的作用进行得很快,如果染料颗粒适合,一般只需 30s,但在实际生产中,由于颗粒大小不匀,汽蒸时间控制在 50s 左右。蒸箱内应充分排除空气,以免过多地消耗保险粉,影响染料的正常还原。

还原液中烧碱和保险粉的浓度根据染料的浓度、设备条件等因素而定,其参考用量见表 4 – 18。

表 4 - 18　还原液中烧碱和保险粉的参考用量

染料浓度（g/L）	还原液浓度（g/L）			
	补充槽		还原槽	
	100% NaOH	85% $Na_2S_2O_4$	100% NaOH	85% $Na_2S_2O_4$
25 ~ 40	16 ~ 20	16 ~ 20	14 ~ 18	12 ~ 16
11 ~ 24	12 ~ 14	12 ~ 14	10 ~ 12	8 ~ 10
10 以下	10 ~ 12	10 ~ 12	8 ~ 10	6 ~ 8

烧碱和保险粉用量比例一般是 1:1。烧碱用量过大，隐色体的溶解度大，得色淡；用量过小，则不利于染料的还原和隐色体上染，得色淡且萎暗。

（4）氧化和皂煮：由于悬浮体轧染连续化工艺中氧化和皂煮时间较短，所以除很淡的颜色外，一般均用氧化剂氧化，常用的氧化剂是：双氧水 0.5 ~ 1.5g/L 或过硼酸钠 3 ~ 5g/L，温度为 40 ~ 50℃，织物在平洗槽中浸轧氧化液后透风，以延长氧化时间，使染料隐色体充分氧化。

皂煮一般在加盖的平洗槽中或皂蒸箱中，在近沸的条件下进行。某些对皂煮要求高的颜色，若皂煮不充分，会使染物色光不稳定，并且影响染色牢度。

3. 还原染料悬浮体轧染工艺的生产实例　品种：47.5tex × 47.5tex 深棕丝光纱卡

处方：

轧染液：

还原棕 BR（g/L）	25.6
扩散剂 N（g/L）	1.5

还原液：

烧碱（g/L）	20
保险粉（85%，g/L）	24

氧化液：

双氧水（30%，g/L）	1

皂洗液：

肥皂（g/L）	5
纯碱（g/L）	3

工艺流程：

浸轧悬浮体染液（二浸二轧，室温）→烘干（红外线或热风，80 ~ 90℃）→浸轧还原液（一浸一轧，30℃以下）→汽蒸（102℃，45 ~ 60s）→水洗→氧化（40 ~ 60℃）→皂煮（90 ~ 95℃）→热水洗（70 ~ 85℃）→冷水洗→烘干

五、可溶性还原染料染色

由于还原染料不溶于水，必须经碱性还原剂还原成隐色体而染色，使用不便，且不适宜蛋白质纤维的染色，匀染性也较差。如将还原染料还原，并酯化而生成隐色体的硫酸酯钠盐或钾盐，

就具有水溶性和一定的稳定性,即成可溶性还原染料。1921 年巴德(Bader)和丝德(Sunder)首先将靛蓝的隐色酸制成了稳定的硫酸酯盐,接着在 1924 年,同样将蒽醌类还原染料隐色酸制成了硫酸酯盐。靛族染料制成的隐色酸硫酸酯盐称为溶靛素,稠环酮类还原染料制成的隐色酸硫酸酯盐称为溶蒽素,两者统称为印地科素(Indigosol)。

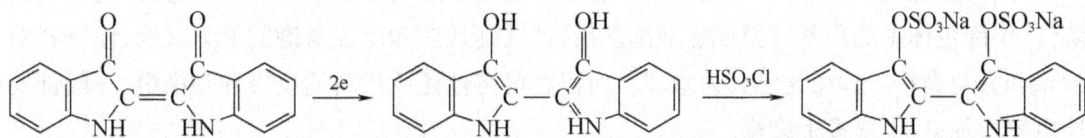

$$\text{(结构式)} \xrightarrow{2e} \text{(结构式)} \xrightarrow{HSO_3Cl} \text{(结构式)}$$

可溶性还原染料的名称,仍采用原来的还原染料字尾,只是在溶靛素和溶蒽素后面在加入 I、H 等字母,以表示其牢度等级。I 表示具有较高染色牢度,H 表示牢度较差。对靛蓝类可溶性还原染料,在名称尾注中以字母 O 表示,硫靛类则以 T 表示。与还原染料相对应的可溶性还原染料见表 4-19。

表 4-19　常用的可溶性还原染料所对应的还原染料

可溶性还原染料	对应的还原染料
溶蒽素金黄 IGK	还原金黄 GK
溶蒽素金黄 IRK	还原金黄 RK
溶蒽素艳橙 IRK	还原艳橙 RK
溶蒽素蓝 IBC	还原蓝 BC
溶蒽素绿 IB	还原艳绿 FFB
溶蒽素棕 IBR	还原棕 BR
溶靛素橙 HR	还原橙 RF
溶靛素桃红 IR	还原桃红 R
溶靛素蓝 O	靛蓝
溶靛素蓝 O4B	溴靛蓝
溶靛素棕 IRRD	还原棕 RRD

可溶性还原染料分子中由于含有硫酸酯基,因而能溶于水,染色较还原染料简便,染液较稳定,并对纤维素纤维有亲和力,与相对应的还原染料隐色体相比,它的亲和力较小,但扩散性好,并有较好的匀染性。可溶性还原染料的价格较高,提升率低,因此一般仅用于中、淡色的染色。

可溶性还原染料依靠范德华力和氢键上染纤维素纤维,上染后在酸及氧化剂的作用下显色,在染物上变成相应的母体染料而固着。由于显色一般采用酸浴亚硝酸钠法,产生的亚硝酸对使用。

(一)可溶性还原染料的染色性能

1. 溶解度　可溶性还原染料可溶于水,溶解度和染料分子结构中水溶性基团的多少,或水溶性基团在整个分子中所占的比例大小有关。如溶蒽素蓝 IBC、溶蒽素红 IFBB 的分子中含有四个硫酸酯基,溶解度较大。可溶性还原染料的溶解度因卤化而降低,例如溶靛素蓝 O4B 和溶靛素蓝 O6B 分别是溶靛素蓝 O 的四溴和六溴化物,它们的溶解度次序是:溶靛素蓝 O > 溶靛素蓝 O4B > 溶靛素蓝 O6B,由于可溶性还原染料一般用于淡色,所以它的溶解度对于实际生产中的影响较小。大多数可溶性还原染料在水溶液中聚集倾向性小,对染色是有利的。

2. 对纤维的亲和力　由于在还原染料隐色体的分子上增加了水溶性基团,虽提高了染料的水溶性,但隐色体中的羰基转换成硫酸酯基后,使共轭效应和生成氢键的能力减弱,使染料对纤维的亲和力与染料母体相比已大为减弱。所以在可溶性还原染料的浸染和卷染中,一般都要用中性电解质促染,以提高上染率。

可溶性还原染料的亲和力大小主要取决于分子结构的同平面性、共轭双键的多少、取代基的性质和硫酸酯基数及其在分子中所占的比例等。通常分子量高、同平面性好、共轭系统长的染料亲和力较高。若卤素、烷氧基,氨基等连在共轭系统上,通常能增加染料对纤维的亲和力,分子中硫酸酯基的数目越多,在分子中所占的比例越大,则染料对纤维的亲和力越低。

可溶性还原染料按其对棉纤维的亲和力大小,大致可以分成五类。第一类亲和力最低,第五类亲和力最高,如表 4 – 20 所示。拼色时应选用同类或相邻近的染料。

表 4 – 20　可溶性还原染料分类

分　类	染　料　名　称
I	溶靛素蓝 O、黄 V、大红 HB、桃红 IR、红青莲 IRH、蓝 IBC、印花黑 IGG、蓝 IRS
II	艳橙 IRK、橙 HR、大红 IB、红 IFBB、紫 IRR、棕 IRRD、灰 IT
III	金黄 IGK、青莲 IBBF、蓝 AZG、绿 I3G
IV	溶靛素蓝 O4B、蓝 O6B、橄榄绿 IB、灰 IBL、金黄 IRK、棕 IBR
V	绿 IB、紫 I4R

3. 稳定性　可溶性还原染料的染液比还原染料稳定,但是它对酸、氧气和光比较敏感,容易发生反应,恢复到母体结构,因此在使用中要注意控制。

(1)酸和酸性盐的影响:可溶性还原染料分子中的硫酸酯键对无机酸很不稳定,容易发生水解,生成还原染料隐色体,再经氧化成还原染料而沉淀。随着水解程度的不同,酯基可能是部分水解,或是全部水解。

(2)光和氧气的影响:空气中氧气和二氧化碳的存在,会使可溶性还原染料显色。在光的作用下,染料对大气的稳定性更差,会使原来无色或很浅颜色的染料粉末转变成相应的母体还原染料的颜色,因此可溶性还原染料一般应避光密封保存。可溶性还原染料对光的敏感度各不相同,溶靛素类染料一般对光敏感,溶蒽素类染料则敏感性较低。对光敏感的染料有:溶靛素橙 HR、桃红 I3B、大红 IB、红 HB、红紫 IRH、紫 IRR、IBBF、1,棕 IRRD、蓝 O4B、O4G,溶蒽素红 IFBB。

(3)温度的影响:可溶性还原染料的热稳定性,在很大程度上取决于酸及氧化剂是否同时存在,如果在隔绝空气的情况下把可溶性还原染料溶液加热到 100℃,维持很长时间也不会分解而产生沉淀。如果有空气或强酸存在,则在 80℃ 以上就开始有颜色的转变及沉淀析出。

(4)碱和碱性盐的影响:可溶性还原染料中的酯键对碱有很高的稳定性,一般浓度的碱在通常温度(如20~100℃)下,不会使染料分子中的酯键断裂,相反由于碱或碱性盐的存在,可以抵抗酸性气体对染料的影响,提高染料的稳定性,所以在可溶性还原染料的染液内常常加入少量纯碱。

(5)还原剂的影响:还原剂对可溶性还原染料不发生影响,通常应用的还原剂,如保险粉、雕白粉、重亚硫酸钠及硫化钠等与染料共存时,还可以提高染料的稳定性。

(二)染色原理

可溶性还原染料的染色属于两步反应。第一步是染料对纤维的上染,第二步是染料在纤维上水解—氧化。然后与还原染料一样进行皂煮处理,染料在纤维上的水解—氧化通常称为显色。

当织物与染液接触时,由于染料对纤维具有亲和力而使染料被吸附,并扩散到纤维内部。可溶性还原染料在纤维上的扩散速率较高。由于水溶性基团的存在和染料对纤维亲和力的降低,染色时一般要加入食盐或元明粉进行促染。

第二步在酸性介质中氧化是染色的关键。可溶性还原染料的水解和氧化是不能分割的,如果没有氧化剂存在,染料难以水解,也难以氧化,因此酸和氧化剂都是显色的必要条件。染料的显色过程的全部反应比较复杂,显色的机理往往也因氧化剂不同而不同。一般为:

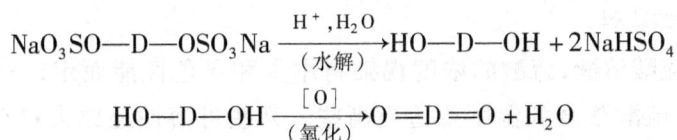

$$NaO_3SO—D—OSO_3Na \xrightarrow[\text{(水解)}]{H^+,H_2O} HO—D—OH + 2NaHSO_4$$

$$HO—D—OH \xrightarrow[\text{(氧化)}]{[O]} O{=}D{=}O + H_2O$$

显色方法以酸浴亚硝酸钠法应用最广泛,其适应性广且色泽鲜艳,亚硝酸钠是较温和的氧化剂,将其加在碱性染液中,染料不会被氧化,染液十分稳定。在酸浴中的亚硝酸钠反应为:

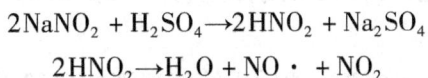

$$2NaNO_2 + H_2SO_4 \rightarrow 2HNO_2 + Na_2SO_4$$

$$2HNO_2 \rightarrow H_2O + NO\cdot + NO_2$$

其中游离基 NO·是具有活性的氧化剂,基本上可以将所有的可溶性还原染料很快氧化。

可溶性还原染料的显色难易与它们的分子结构有关,相对分子质量大,稠环多,含供电子基较多的染料较易显色。靛蓝及硫靛结构的染料一般难显色,在它们的分子中引入卤素等吸电子基后更难显色。各种可溶性还原染料的氧化性分类见表4-21。

表4-21　各种可溶性还原染料的氧化性

氧化性	显色温度 (℃)	所 属 品 种
容易	20~25	溶靛素橙 HR、大红 IB、棕 IRRD、蓝 O、R、IGG、灰 IBL、青莲 IRR 溶蒽素金黄 lRK、金黄 IGK、蓝 IBC、绿 I3G、绿 lB、棕 IBR、橄榄绿 IB
困难	60~70	溶靛素桃红 I3B、桃红 IR、红 HR、蓝 O4B、蓝 O6B、青莲 IBBF、红青莲 IRH 溶蒽素绿 AB

工艺条件:NaNO₂ 1g/L ,H₂SO₄ 36g/L,15min

（三）可溶性还原染料的染色工艺

1. 卷染工艺 棉织物应用可溶性还原染料卷染，一般是淡色轻薄品种。由于可溶性还原染料有上染率低和匀染性好的特性，因此可以采用小浴比进行生产。

卷染液：染料、纯碱、分散剂、食盐，亚硝酸钠等。

染色工艺流程：

染色（8~10道，第4、5道追加食盐）→显色（2~3道）→冷水洗（3~4道）→纯碱中和（1~2道）→皂煮（5~6道）→水洗（3~4道）

染料可分次加入，食盐起促染作用，其用量根据染料的亲和力、用量和溶解度而定；纯碱可抵消空气中酸性气体的影响，有利于染液稳定，分散剂可以增进透染和匀染。

染色温度根据染料的亲和力、匀染性和溶解度而定。对亲和力较低的染料，为了获得较高的上染率，宜采用较低温度（如 20~30℃或 30~40℃）染色；溶解度低的染料，应适当采用较高的温度。对于亲和力较高的染料，宜采用较高的染色温度（如 60~70℃或 90~95℃），有利于透染和匀染。60~70℃染色时，上染百分率虽较低，匀染性和布面光洁度却较好，实际染色时可根据具体情况有目的地掌握。例如，对亲和力中等的染料可在 60~70℃染色，对直接性高的染料可以先在 90℃染两道（或沸染），然后关闭加热蒸汽，续染后自然冷却，最后一道温度降低至 60℃，兼顾上染率与匀染性。

显色液一般为硫酸溶液，硫酸的浓度视染料用量和显色性能而定，一般为 20~40g。对于显色较慢的染料，硫酸浓度和温度要适当高些。某些可溶性还原染料在氧化条件过于剧烈时，会产生过度氧化现象。一般来说在染料分子中含有氨基和亚氨基的染料，在过量酸和亚硝酸钠的作用下，可能会发生重氮化或亚硝化反应，并进一步分解，使染料结构发生改变。对于这些染料若已发生过氧化，可在染后用保险粉 4~5g/L，45~50℃处理 15~25min，然后水洗。

显色后的织物先冷水洗（3~4道），然后用纯碱溶液处理（2道），中和织物上的残酸，防止织物上的残酸带入皂煮液使肥皂呈脂肪酸析出，影响皂煮效果。纯碱的浓度视织物上残酸的多少而定，一般为 2~4g/L。皂煮的作用与还原染料染色时的皂煮作用相同，可以提高染色牢度，获得稳定的色泽。

2. 轧染工艺 可溶性还原染料连续轧染工艺，适用于大批量生产，染淡色棉织物。由于染色时间短，一般来说，轧染所得的布面光洁度和匀染性比卷染稍差，颜色越浓，表现越突出。必要时可适当延长轧染后的透风时间或加入少量匀染剂加以改善，但染制浅色产品时，轧染能得到较好的染色效果。轧染工艺过程为：

浸轧染液→烘干（或透风）→显色（浸轧显色液→透风）→水洗→中和→皂洗→水洗→烘干

轧染液一般含有染料、亚硝酸钠、纯碱、分散剂等。亚硝酸钠的用量根据染料浓度及其显色性能而定，一般是 410g/L，亚硝酸钠与轧染液同浴。若加亚硝酸钠于显色液中，必然会产生大量的亚硝酸，亚硝酸易分解放出一氧化氮和二氧化氮气体，既浪费了亚硝酸钠和硫酸，又对劳动保护不利。分散剂的用量为 1~2g/L。为了提高轧染液的稳定性，可加入适量纯碱，一般用量是 0.5~1g/L，为了减少烘干时染料的泳移和显色时织物上染料溶落至显色液中，可在轧染液中加入适量的抗泳移剂,但用量过多会影响透染性和摩擦牢度。

轧染液温度一般为50~70℃,二浸二轧,轧槽容积为50~80L,轧液率为70%~80%。始染液必须加水冲淡,加水量根据染料的直接性而定,大致为20%~40%。

织物浸轧染液后,烘干显色。显色液是硫酸溶液,织物通过硫酸溶液时,硫酸和被织物吸收的亚硝酸钠一起使染料显色。显色液中硫酸的浓度一般为25~40g/L,温度为50~70℃。为避免过氧化和大量逸出二氧化氮气体,除适当控制显色温度、硫酸浓度和亚硝酸钠用量外,可在轧染液和显色液中加入适量尿素或硫脲。

浸轧显色液后的透风是为了延长显色时间,使染料充分显色,透风时间一般是10~20s。显色的织物经水洗后用纯碱中和织物上的残酸,纯碱的浓度为5~8g/L,温度为50~60℃,皂煮对于染物的色光和染色牢度有很大的影响。皂煮的条件是:纯碱3~5g/L,工业皂5~7g/L,温度为95℃以上。

六、还原染料染色质量控制

还原染料染色常见疵病及预防措施见表4-22。

表4-22 还原染料染色常见疵病及预防措施

常见疵病	产生原因	预防措施
深头、深边	头子布较短,使用次数太多	加长头子布,注意更换
	卷染时,布边露出部分局部氧化	布卷应卷齐入染,并可用保险粉—烧碱液浇边
色光不一	染浴中烧碱、保险粉含量不一致;还原温度不同,氧化、皂洗条件控制不良	加强工艺条件控制
	不同纤维批号,各批工艺如控制不一致,造成染色后色光不一	印染厂应加强小样试验
皱条	部分导辊不平整,机械清洁、保养不良	应加强设备的清洁和保养
	织物运转过程中,张力控制不当	加强设备参数的检查
	卷染用接头布与待染织物厚薄差距较大	应选择与待染织物厚薄相差较小的接头布
斑渍、色点	在染色过程中,布上隐色体局部氧化而成	可在染液中适当增加染液内烧碱、保险粉的用量,如已形成,可用烧碱—保险粉液处理后再氧化
	染料细度较差,扩散不良,温度过高等产生凝聚	测定染料细度与染液扩散情况,控制轧染槽染液至适宜温度
	轧染设备,红外线预烘用的导辊等表面沾污	应认真做好换色时的清洁工作与合理控制红外线温度
	轧染时,由于散纤维、杂物等带入轧染槽、还原槽而造成	要做好清洁工作,防止杂物等带入
	浸轧染液、预烘、烘燥、浸轧还原液、蒸化过程中,滴水造成水渍斑	要做好全机防雾、防水滴工作

续表

常见疵病	产生原因	预防措施
色差	卷染时染浴还原不良或小导布辊滚动失灵所造成	做好机械保养维修
	轧染时上、下轧辊软硬相差过大,轧辊左右加压不匀、轧辊不平、因布边厚而造成压力不匀等	检查导辊运转灵活情况
	浸轧染液和预烘、还原过程中擦伤	烘干温度均匀,可加防泳移剂
	轧染时,染液、还原液、氧化液等加入左右不匀	严格工艺上车与检查
	红外线热风烘燥时,温度不均匀或急烘引起泳移	控制烘燥温度
	皂洗不充分,使局部发色不足,并影响染色牢度	充分皂洗,充分发色
	还原液浓度、带液量、汽蒸时间、温度未严格控制	严格控制工艺参数

☞ 思考题

1.还原染料还原溶解时常用的方法有哪几种?试分析各种还原溶解方法的特点,并推断下列染料适宜采用哪种还原方法:还原蓝 RSN、还原黄 G、还原艳桃红 R、还原棕 RRD、还原蓝 BC。

2.试分析还原染料隐色体上染特点,由此易产生的疵病及解决问题的措施。

3.何为光敏脆损现象?试述光敏脆损现象产生的原因及影响因素。

4.设计还原染料悬浮体轧染染色工艺流程及处方。

5.对还原染料染色成品进行牢度测试。

任务4 硫化染料染色

一、硫化染料的特点

硫化染料是以芳烃的胺类或酚类化合物为原料,用硫黄或多硫化钠进行硫化作用而制成的,因分子结构中含有硫键,故称硫化染料。

硫化染料不溶于水,在硫化钠溶液中,被还原成隐色体而溶解。硫化染料隐色体对纤维素纤维有亲和力,上染纤维后再经氧化,在纤维上重新生成不溶性的染料而固着。

硫化染料制造简便,价格低,水洗牢度高。耐晒牢度按染料而异,如硫化黑可达 6～7 级,硫化蓝达 5～6 级,棕、橙、黄等色一般为 3～4 级。大部分硫化染料的耐氯漂牢度非常差。硫化染料的色谱不全,品种有黄、橙、蓝、绿、棕、酱红、黑等颜色,缺少红、紫色,颜色不够鲜艳,由于染淡色牢度较差,所以硫化染料主要用于染深浓色。应用最多的是蓝、黑、棕等色泽。

硫化染料在纤维素纤维的染色中应用较多,主要用于棉纤维、麻纤维、黏胶纤维以及维纶的染色。用硫化染料染色的纺织品在储存过程中纤维会逐渐脆损,使强力下降,甚至完全失去使用价值,尤其以硫化黑的储存脆损现象较严重,其原因是硫化染料中含硫,又用硫化钠还原,染后纺织品上有残留硫,在长期存放中,遇湿热会生成硫酸,对棉纤维引起酸水解而降低强力。为避免脆损现象,硫化染料染后要加强水洗,或增加防脆处理。

硫化还原染料,也称为海昌染料,它比一般硫化染料有更好的耐氯牢度。液体硫化染料是为了方便加工而研制生产的一种新型硫化染料,它是在原硫化染料基础上加适量的还原剂精制而成的一种隐色体染料,内含一定量的硫化钠还原剂,是一种可溶性硫化染料。

二、硫化染料的结构特点及类型

硫化染料的化学结构十分复杂,产品也往往是由硫化反应程度不同而性质相近的混合物组成,且很难分离得到纯品,所以目前其结构仍不明确。

根据以往的研究可知,当硫进入有机物后,有的呈环状含硫杂环结构,有的则呈含硫的链状结构。环状含硫杂环结构决定染料的颜色,链状结构决定染料的还原、氧化等性能,黄、橙、棕色硫化染料含有硫氮茂(噻唑)结构,黑、蓝、绿色硫化染料含有硫氮蒽(噻嗪)结构,红棕色硫化染料除含硫环外,还含有对氮蒽(吩嗪)结构。

硫化染料分子中的含硫链状结构主要有巯基(—SH)、硫键(—S—)、二硫键(—S—S—)、多硫键(—S$_x$—)或其他的含硫基团。

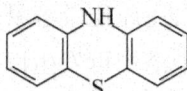

硫氮茂　　　　　　　　硫氮蒽　　　　　　　　对氮蒽

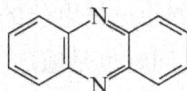

1. 硫化黑　硫化黑是硫化染料中最常用的染料,有青光硫化黑 BN、红光硫化黑(硫化黑 RN)、青红光硫化黑(硫化黑 BRN、硫化黑 B2RN)等品种。它的日晒牢度和皂洗牢度都很好,日晒牢度可达 6~7 级,皂洗牢度可达 5 级,最大的缺点是染棉纤维有储存脆损现象。

2. 硫化蓝　硫化蓝的耗用量在硫化染料中仅次于硫化黑,硫化蓝的日晒牢度可达 5~6 级。蓝色硫化染料有青光(硫化蓝 BN)、红光(硫化蓝 RN)、青红光(硫化蓝 BRN)等品种,此外,蓝色硫化染料还有硫化蓝 CV、硫化蓝 3G、硫化深蓝 3R 等。

3. 硫化还原染料　硫化还原染料(海昌染料)的分子结构和制造方法与一般的硫化染料相似,而染色性能和染色牢度介于一般硫化染料和还原染料之间。在应用分类中,硫化还原染料较难还原,染色时要在碱性条件下用保险粉、硫化钠或葡萄糖作还原剂。这类染料的色光较一般硫化染料为佳,染色牢度尤其是氯漂牢度也较一般硫化染料高。硫化还原染料的品种有硫化还原蓝 RNX(海昌蓝 RNX)、硫化还原黑 CLN、硫化还原蓝 B 等。

4. 液体硫化染料　液体硫化染料在加工过程中由于添加增溶物质和经过多道过滤,除去了不溶性的杂质,因此染料相当纯净,给予高的给色量和好的稳定性。现国内应用较多的有 Sulphol 染料(英国鲁宾逊公司)和速得高(Sodyesul)染料(山德士速得高公司),色泽较为丰富。

三、硫化染料的染色过程

硫化染料能被硫化钠等还原剂还原成隐色体,对纤维素纤维和蛋白质纤维具有亲和力,但比还原染料隐色体低得多。隐色体的颜色一般为黄、黄绿或暗绿色。硫化染料隐色体是阴离子染料,其上染性能很多方面与直接染料相似,如可用食盐或元明粉促染,用阳离子固色剂或金属盐后处理,以提高染色牢度等。另一方面硫化染料又和还原染料相似,染料首先还原成隐色体,上染后在纤维上氧化。不过硫化染料较易还原,故只需较弱的硫化钠作为还原剂,不必采用碱性保险粉溶液。此外,由于采用硫化钠作为还原剂,染色时不易产生过度还原现象,同时隐色体和硫化钠在高温时也较稳定,所以可进行高温浸染,温度可达 $80 \sim 100℃$,这样可大大提高扩散速率,改进透染程度。

(一)染料的还原

硫化染料本身对纤维没有亲和力,必须还原成隐色体后才能上染纤维。硫化染料用还原剂还原溶解时,一般认为是染料分子中的二硫键或多硫键被硫化钠还原成巯基,在碱性溶液中生成隐色体钠盐而溶解。

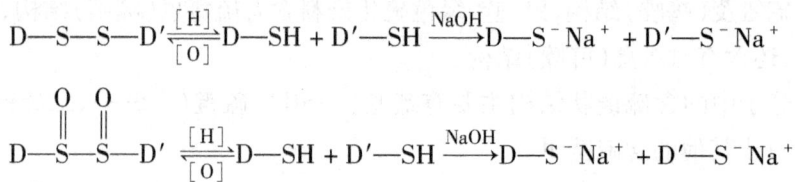

$$D—S—S—D' \underset{[O]}{\overset{[H]}{\rightleftharpoons}} D—SH + D'—SH \xrightarrow{NaOH} D—S^-Na^+ + D'—S^-Na^+$$

$$D—\overset{\overset{O}{\|}}{S}—\overset{\overset{O}{\|}}{S}—D' \underset{[O]}{\overset{[H]}{\rightleftharpoons}} D—SH + D'—SH \xrightarrow{NaOH} D—S^-Na^+ + D'—S^-Na^+$$

硫化染料的隐色体电位的绝对值较低,还原比较容易,采用还原能力较弱、价格较低的硫化钠作为还原剂,同时也是碱剂。硫化钠在染浴中可发生以下反应:

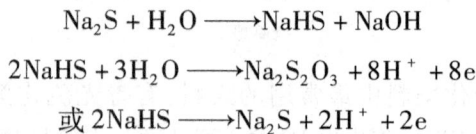

$$Na_2S + H_2O \longrightarrow NaHS + NaOH$$

$$2NaHS + 3H_2O \longrightarrow Na_2S_2O_3 + 8H^+ + 8e$$

$$或\ 2NaHS \longrightarrow Na_2S + 2H^+ + 2e$$

硫化钠是褐黄色的固体,工业用硫化钠称为硫化碱,它的有效成分(以硫化钠计算)一般为50%左右,染色时硫化钠用量一般为染料量的 $50\% \sim 250\%$,随染料品种和染色浓度而定。用量太少则染料的还原和溶解都不能完全。染浴混浊,染色不匀,且造成染料的浪费;用量过多,又会影响染料上染,降低得色量。硫化钠比较稳定,高温时分解损耗少,比保险粉更适应硫化染料高温还原和染色的要求。

(二)染料隐色体上染纤维

硫化染料的隐色体在染液中以阴离子状态存在,它对纤维素纤维具有亲和力。一般硫化染料隐色体对纤维素纤维的亲和力较低,因此可采用小浴比,并加入适当的电解质促染,常用的促染剂是食盐和元明粉。

硫化染料染色时一般采用较高的染色温度,以降低硫化染料隐色体的聚集,提高吸附和扩散速率。较高的温度还可以加速硫化钠的水解,增强还原能力,提高还原速率。

为了增强硫化钠的还原作用,防止隐色体过早氧化,在染液中可加入小苏打,小苏打能中和染液中产生的部分烧碱,有利于硫化钠的水解,或与硫化钠直接反应生成硫氢化钠,从而提高硫化钠的还原能力。

$$Na_2S + NaHCO_3 \longrightarrow NaHS + Na_2CO_3$$

但小苏打也是一种电解质,加入过多会促使硫化染料隐色体的聚集,从而使隐色体不易扩散入纤维或织物内部,虽然看起来得色较浓,但成品透染差,白芯严重,摩擦牢度较低。

硫化染料隐色体与钙、镁离子生成沉淀,使染料损耗并造成深色染斑,所以在染液中常加入少量纯碱,起软化水质的作用。

(三)隐色体氧化

硫化染料上染纤维后,必须经过氧化使它转变成不溶性的染料而固着在纤维上。硫化染料隐色体的氧化过程比较复杂,一般认为是巯基被氧化变成二硫键。硫化染料还原成隐色体,使染料发生分裂,而在氧化时又缩合成分子量较大的染料分子。

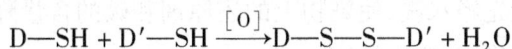

$$D—SH + D'—SH \xrightarrow{[O]} D—S—S—D' + H_2O$$

硫化染料隐色体的氧化难易和速率不一,有些能被水中和空气中的氧所氧化,因此染色后只要水洗和透风就可以完成氧化,如硫化黑。有些要用氧化剂处理才能充分氧化,如硫化蓝、硫化红棕 B3R 等。隐色体氧化速率快的染料,在染色时,若染物暴露在空气中,或硫化钠用量不足,往往会因过早的局部氧化而造成染斑。最早都采用红矾(重铬酸钠)为氧化剂,后因它造成水质严重污染,近年来已基本被淘汰。目前通常采用空气、过硼酸钠、双氧水、碘酸钾、溴酸钠、亚氯酸钠等。过硼酸钠和双氧水的氧化作用较温和,不会损伤纤维,颜色较鲜艳,但染物的温处理牢度较差,适用于较浅及较鲜艳的颜色。

(四)染后处理

后处理包括净洗、上油、防脆、固色等。

硫化染料染后一定要充分水洗,以减少织物上残留的硫,防止织物脆损,硫化黑染物在50℃以上皂洗容易产生染斑,故一般不经皂洗处理。防脆处理可采用醋酸钠、磷酸三钠或尿素等微碱性药剂,以中和织物上的残留硫氧化成的硫酸。硫化青染后用红油处理,可以改善色泽和手感。红棕色硫化染料染后用硫酸铜处理,可提高日晒牢度,但硫酸铜残留在织物上,对纤维的脆损有很强的催化作用,处理后要充分水洗。固色后的色光有一定变化,应加以注意。硫酸铜对硫化黑脆损纤维有催化作用,因此用硫化黑或硫化还原黑染色的染物不能用硫酸铜法固色。

四、硫化染料染色工艺

硫化染料价格低廉,有较好的染色牢度,一般适合于染较浓色泽的棉制品,可以用来染棉纱线、棉织物。染色方式有卷染、轧染及浸染多种,一般根据产品结构及批量大小来决定。

(一)卷染

1. 卷染工艺　卷染的一般工艺流程为:

染料预还原→浸染或卷染→水洗→氧化→皂洗→水洗

硫化染料对纤维的亲和力低,上染率不高,染料的利用率低,染后残液中还含有一定的染料,为提高染料的利用率,浓色卷染可采用续缸染色。

制备染液时将染料用热的硫化钠溶液调匀后(必要时可加些太古油),加入到用纯碱软化的水中,搅拌并加热约15min,使染料充分还原溶解,必要时可高温沸煮。

硫化钠的用量随染料而定,一般为染料量的100%～200%,在染浴中加入纯碱,使染料隐色体更好地溶解,并防止硬水中的钙、镁金属离子与隐色体生成沉淀。染中、淡色时,可加入食盐或元明粉促染,提高给色量。

为获得较高的上染百分率及较好的匀染效果,大都采用沸染或近沸染色。某些硫化染料隐色体(如硫化蓝)易过早氧化,造成红筋、色斑、色暗等疵病,染液温度控制在50～60℃较好。但染色温度过低,染料隐色体的扩散和透染差,影响染物的染色牢度。染色时间长,有利于染料隐色体的上染和扩散,染深色的时间应长些,如40～45min,染黑色时间短些,一般为20～30min。

隐色体染色以后,一般先经水洗,使染物上的还原剂和碱的含量降低后,再透风氧化。这种氧化方法容易掌握,质量较稳定,应用最广。

隐色体氧化速率较慢的染料,水洗后要用氧化剂氧化,双氧水是最常用的氧化剂,处理条件为:双氧水1%～2%(owf),温度为50～70℃,时间为10～15min,氧化后充分水洗。

2. 卷染典型工艺 坯布:29tex/29tex;幅宽:160cm;布卷量:300m;染料:硫化蓝。

工艺处方:

染色:

硫化蓝 BRN(150%,g)	1800
硫化青 B2RN(200%,g)	300
硫化碱,g	5000

氧化:

双氧水(30%,mL)	700

工艺流程及条件:

还原配液→染色(200L,95℃,8道)→水洗(4道)→氧化(60℃,6道)→水洗(两道)→水洗(4道)

硫化蓝由于早期氧化,故上轴要齐,防止出现红边。如果出现红边,可以采用染液浇边的办法来解决。

(二)轧染

1. 轧染工艺 硫化染料颗粒较大,杂质含量较多,还原速率慢,一般采用隐色体轧染,而不宜采用悬浮体轧染。硫化染料隐色体轧染是先将染料用硫化碱还原溶解,织物浸轧染料的隐色体溶液。

轧染工艺流程:

浸轧染液→湿蒸→干蒸→水洗→氧化→水洗→皂洗→水洗(→固色)→烘干

轧染液组成一般为:

染料	视颜色要求而定
硫化钠(owf)	100%～250%
纯碱(g/L)	1～3
润湿剂	适量

浸轧时应采用较长的浸渍时间,轧液率在70%左右,轧液温度70~80℃。轧槽中的染液浓度约为补充液的70%,即轧槽初始液一般要加水30%。

湿蒸是在蒸箱底部放有一定染料浓度和适当硫化钠的染液,液量约为800~1200L,汽蒸温度在105~110℃,时间为30~60s。织物在蒸箱内经高温浸渍及汽蒸,有利于染料的扩散和透染。湿蒸箱内的染料浓度约为轧槽补充液浓度的15%~30%,硫化碱用量为染料量的150%~200%。织物出湿蒸箱在进入干蒸箱,干蒸可采用一般的还原蒸箱,可采用汽封口,温度为102~105℃,时间为45~60s。干蒸使硫化染料隐色体进一步扩散渗透至纤维内部。

2.轧染工艺举例

织物:30 tex/30tex,灰色棉平布

(1)工艺流程:

浸轧染液(二浸二轧,轧液率为75%,70~75℃)→汽蒸(100~102℃,1min)→冷水(洗两格)→氧化(50℃,两格)→热水洗→皂洗(两格)→热水洗(两格)→冷水(1格)→烘干

(2)工艺处方:

染液处方:

硫化蓝 BR(g/L)	3.2
硫化黑(g/L)	2.2
硫化碱(g/L)	15
小苏打(g/L)	10
润湿剂(g/L)	5

氧化液处方:

红矾钠(g/L)	2
硫酸(98%,mL/L)	2.5

皂洗液处方:

肥皂(g/L)	2
纯碱(g/L)	2

(三)硫化还原染料的染色

硫化还原染料染色大多采用卷染法,如采用悬浮体轧染法,由于染料颗粒较粗,易产生色点。其染色方法与硫化染料、还原染料均有相同之处,其还原方法主要有烧碱—保险粉法,硫化碱—保险粉法两种。如丝光海昌蓝卡其的卷染处方及工艺:

染色处方(烧碱—保险粉法):

	头缸	续缸
海昌蓝 RNX(g)	1200	1060
渗透剂(mL)	500	400
烧碱(mL)	6000	3600
保险粉(g)	1500+500×2	1200+400×2
液量(L)	180	180

工艺流程：

打卷→染色(60～65℃,第4、7道各加保险粉500g,共10道)→水洗(5道)→氧化(50℃,4道)→冷流水洗(两道)→皂煮(95℃,4道)→热水洗(4道)→冷水洗(两道)

氧化可用2～3g/L过硼酸钠和4 mL/L醋酸(浓度为98%)代替。

(四)液体硫化染料的染色

液体硫化染料染液一般有染料、硫化碱、抗氧剂、软水剂和润湿剂组成。硫化碱用来补充染料中还原剂的量,一般为5～10g/L,浓色可以不加。抗氧剂一般是多硫化物,它比硫化钠更耐空气氧化,以防止染液过早氧化而出现泛红等染疵。抗氧剂用量一般与染料用量成反比,染料用量少时要多加,以防止染料稀释后染液还原能力不足。软水剂是防止钙、镁等金属离子与染料形成不溶性化合物。

化料方法:染缸内先放水2/3,加入适量的软水剂,升温至要求温度,一般染料为70℃,黑色为95℃,在加入所需的渗透剂、抗氧剂及染料,搅拌均匀,加水升温至所需温度与液量。

液体硫化染料一般采用卷染法与连续轧染法,近年来国内较多地应用在轧蒸法中。以涤黏混纺织物32tex×2/32tex×2 232根/10cm×161根/10cm,160cm平纹呢为例,前处理后染色,色泽深棕,采用分散—硫化两浴法,先染分散,然后用液体硫化染料套染。工艺流程为:

浸轧染液(室温)→汽蒸(103～105℃,2～3min)→冷水洗(1格)→温水洗(两格,50～60℃)→氧化(2格,70℃,pH值为3.5～4)→冷水洗(高效平洗两格)→烘干

工艺处方:

染色处方:

液体硫化棕 CRCF(g/L)	29
液体硫化黑 S - R(g/L)	13
液体硫化红棕 5RCF(g/L)	10
抗氧剂(g/L)	26

氧化处方:

双氧水(30%,L)	3.8
醋酸(98%,L)	3.2

五、硫化染料染色织物的储存脆损

用黄、棕、黑色等硫化染料染后的织物,在储存过程中会发生脆损现象,使织物强度严重下降,以硫化黑为最严重。

硫化染料的储存脆损主要是由于染料的不稳定性引起的硫化染料的分子中含硫量较高,分子中一些不太稳定的硫(主要是多硫结构中的硫,这种不太稳定的硫又称活泼硫)在一定的温度、湿度条件下,容易被空气中的氧所氧化,生成磺酸、硫酸等酸性物质,纤维在酸的作用下发生水解,使强力降低而脆损。因此硫化染料染物在储存过程中应避免受热、受潮。

由于脆损是酸造成的,所以抑制酸的产生或者中和生成的酸就可以防止脆损的发生。

抑制酸的产生的方法是改变染料分子的结构,目前效果较好的是防脆硫化黑,它的制造方

法与普通硫化黑相似,只是在普通硫化黑的反应完成以后,降温到100℃左右,先后加入一氯醋酸钠和甲醛,一起反应1h左右制成。一氯醋酸钠和甲醛能与普通硫化黑分子中的活泼硫起反应,因此减少了染料分子中活泼硫的含量,减少了储存时酸的产生。防脆硫化黑的还原速率、上染速率、隐色体的氧化速率比普通硫化黑慢。染液稳定性比普通硫化黑好,易于操作,染色时不易过早氧化。染色牢度和普通硫化黑相同,但溶解性能较差,色光偏黄。防脆硫化黑较适宜用浸染或卷染染色,染色后宜先用冷水洗。

中和硫化黑染物储存中所生成的酸,一般使用称为防脆剂的碱性物质。常用的防脆剂有醋酸钠、磷酸三钠、碳酸钠、亚硫酸钠、尿素等。

浸染防脆处理举例如下:

尿素(owf)	1.8% ~2.2%
醋酸钠(owf)	0.9% ~1.1%
浆纱膏(owf)	0.1% ~0.2%

室温处理10min,脱水,烘干。浆纱膏可提高染物的柔软度和颜色乌黑度。

六、硫化染料染色质量控制

硫化染料染色常见疵病及预防措施如表4 –23所示。

表4 –23　硫化染料染色常见疵病及预防措施

常见疵病	产生原因	预防措施
边渍	染浴内硫化碱用重较少	应按染料性能调整用量
	染坯带碱较重	注意染前去碱
	布卷不齐	应将布边拉齐入染
色档	缝头处叠层太厚,所带染液较多	可采用平接式缝头,并注意缝线张力,避免产生叠层
	丝光后,折叠风干及缝头处带碱较重	应防止局部风干,并注意去碱程度
	染坯去杂不净而固定搁置的时间染又未洗净所致	应避免布卷放置过久,否则染前应充分净洗,若严重时,则无法纠正
色斑	染料还原溶解较差	可调整染浴内硫化碱含量
	染色温度较低	应控制温度
	染后硫化碱未充分净洗	应注意水洗
	半制品退浆不净	应加强退浆处理
深头	布卷两端水洗不净	水洗时布卷调头不可过早
	染后水洗道数太多,产生染料过早氧化	水洗道数适当
	接头布与染坯组织不同	选用合适的接头布
深浅边和阴阳面	卷染机上个别导布辊失灵,或蒸汽管接触布面	加强设备检查、维护和调节
	上、下轧辊硬度相差过多	
	轧辊左右压力不均	

👉 **思考题**

1. 设计硫化染料悬染色工艺流程及处方。

2. 什么是储存脆损现象？为什么硫化染料染后织物易产生储存脆损现象？

3. 硫化染料常见的疵病有哪些？如何控制？

项目五　蛋白质纤维制品染色

任务1　酸性染料染色

一、酸性染料的特点

凡含有酸性基团,能在酸性、弱酸性或中性染浴中上染蛋白质纤维和聚酰胺纤维的染料都是酸性染料。酸性基团大多数为磺酸基,少数为羧基,易溶于水,在水中电离成为染料阴离子。染料分子结构比较简单,多数为单偶氮类染料,少数为双偶氮类染料,分子中缺乏较长的共轭双键系统,分子芳环共平面性或线型特征不强,因此对纤维素纤维缺乏亲和力。染料色谱齐全、色泽鲜艳、湿处理牢度和日晒牢度随种不同而有很大差异。其中结构较简单,含磺酸基较多的湿处理牢度就较差。酸性染料品种很多,主要用于羊毛、蚕丝等蛋白质纤维和聚酰胺纤维的染色和印花,也可用于皮革、墨水、造纸和化妆品的着色及食用色素。

二、酸性染料的结构分类

酸性染料按化学结构不同分为偶氮类、蒽醌类、三芳甲烷类等类型,偶氮类酸性染料品种最多,其产量占酸性染料总量的50%左右,其次为蒽醌类和三芳甲烷类,各占20%左右。

(一)偶氮类酸性染料

大多数为单偶氮和双偶氮结构的染料,以黄、橙、红等浅色品种为主,三偶氮结构的染料虽然湿处理牢度好,但色泽比较灰暗,匀染性差。

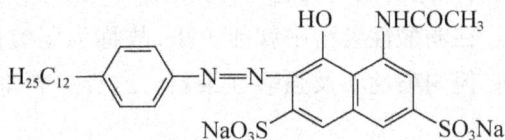
弱酸性桃红 BS

(二)蒽醌类酸性染料

在色谱上弥补了偶氮类酸性染料,以深色为主,大多为紫、蓝、绿及黑色具有良好的耐光牢度。

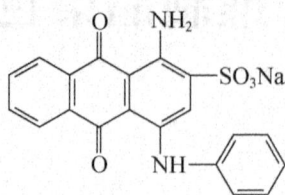

酸性蓝A

(三)三芳甲烷类酸性染料

在三芳甲烷结构的碱性染料基础上,经磺化而成的,以蓝、绿、紫色为多,色泽浓艳,耐光牢度差,溶解度低。

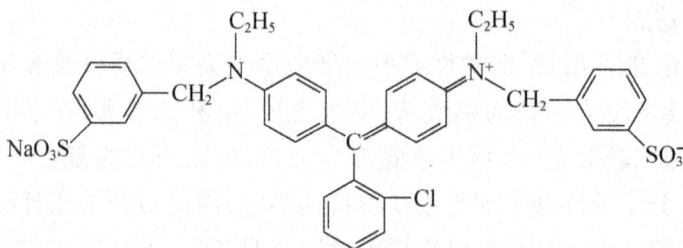

酸性艳绿B

三、酸性染料的应用分类

(一)强酸浴染色的酸性染料

这类染料分子结构比较简单,磺酸基在整个染料分子结构中占有较大比例,所以染料的溶解度较大,它在染浴中是以阴离子形式存在。染色时,必须在强酸性染浴中才能很好地上染纤维,故称为强酸性染料。这类染料是以离子键的形式与纤维结合,匀染性能良好,色泽鲜艳,故又称为匀染性酸性染料,但湿处理牢度及汗渍牢度均较低。电解质的加入可起缓染作用。

(二)弱酸浴染色的酸性染料

这类染料结构比较复杂,染料分子结构中磺酸基所占比例较小,所以染料的溶解度较低,它们在溶液中有较大的聚集倾向。这类染料染色时,除能和纤维发生离子键结合外,分子间力和氢键起着重要作用。染色时,在弱酸性染浴中就能上染,故称为弱酸性酸性染料。这类染料的湿处理牢度高于强酸性染料,但匀染性不及强酸性染料。这类染料都用于羊毛、蚕丝和锦纶的染色。

(三)中性浴染色的酸性染料

这类染料分子结构中磺酸基所占比例更小,它们在中性染浴中就能上染纤维,故称为中性酸性染料。这类染料染色时,染料和纤维之间的结合主要是分子间力和氢键产生作用。食盐、元明粉等中性盐对这类染料所起的作用不是缓染,而是促染。这类染料的匀染性较差,但湿处理牢度很好,也都用于蚕丝和羊毛的染色。

各类酸性染料的染色性能见表5-1。

表 5 – 1　各类酸性染料的染色性能

项　目	强酸性酸染料	弱酸性染料	中性酸性染料
染液 pH 值	2 ~ 4(用硫酸)	4 ~ 6(用醋酸)	6 ~ 7(用醋酸铵)
染料溶解度	高	中	低
匀染性	好	一般	差
湿处理牢度	差	好	很好
对纤维的直接性	低	中等	高
与纤维的结合方式	离子键	离子键、分子间力和氢键	分子间力和氢键

四、酸性染料的染色原理及其影响因素

(一)酸性染料染色的基本原理

羊毛、蚕丝、聚酰胺几乎含等当量的氨基和羧基($H_2N-W-COOH$),在水中,氨基和羧基发生离解,形成两性离子($^+H_3N-W-COO^-$)。酸性染料在染液中电离成 $D-SO_3^-$ 和 Na^+,羊毛等纤维带正电荷,吸引染料负离子上染。

$$\text{Cell}\overset{NH_3^+}{\underset{COO^-}{}}\ \underset{OH^-}{\overset{H^+}{\rightleftharpoons}}\ \text{Cell}\overset{NH_3^+}{\underset{COOH}{}}\ \overset{D-SO_3^-}{\longrightarrow}\ \text{Cell}\overset{NH_3^+\cdot^-O_3S-D}{\underset{COOH}{}}$$

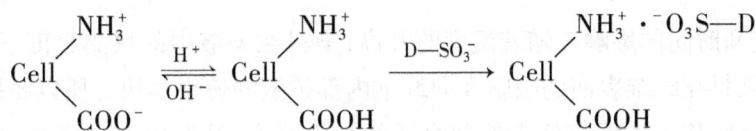

同时纤维与染料间也存在着范德华力和氢键的作用。当染浴酸性较强时,纤维中 NH_3^+ 数量增多,离子键起主要作用,当染浴酸性较弱时,范德华力和氢键起主要作用。

(二)影响酸性染料染色的主要因素

1. 染液 pH 值的影响　在酸性条件下,纤维上的 NH_3^+ 与 $D-SO_3^-$ 形成定位吸附,所以常把 NH_3^+ 称为吸附染料的"染座"。纤维上的"染座"数量随着 pH 值的降低而增加,染浴的酸性越强,纤维上的 NH_3^+ 越多,对染料阴离子的吸引力就越大,因此在染色过程中,加酸有明显的促染作用。通过控制染浴的 pH 值可控制酸性染料的上染速率和得色量。为了在提高上染率的同时达到匀染的目的,可将酸分几次加入,并根据染料与纤维的结合力不同选用不同的酸,如强酸浴染色用硫酸,弱酸浴染色用醋酸,中性浴染色采用醋酸铵或硫酸铵。

2. 中性电解质的影响　酸性染料染色时,在 pH 值不同的染浴中加入电解质有着不同的作用。

当染浴 pH 值在等电点以下时,染料与纤维主要以离子键结合,加入电解质,起缓染作用。如当酸性染料在硫酸存在下染羊毛时,染浴中加入食盐或元明粉后,无机阴离子 Cl^- 或 SO_4^{2-} 以及染料阴离子都能与纤维阳离子"染座"产生静电引力,由于无机阴离子相对染料阴离子来说,体积小,扩散速度快,所以先被纤维阳离子"染座"所吸附。随着染色过程的继续进行,当染料阴离子靠近纤维时,由于它与纤维之间除静电引力外,还存在较大的范德华力和氢键等其他作用力,所以就可以取代无机阴离子与纤维结合。

如图 5 - 1 所示染液 Cl^- 浓度先快速降低,而后又逐渐上升的变化就表明了这一过程。如果加入较多电解质,使"染座"上吸附大量无机阴离子,必然延缓染料阴离子的交换作用,因此起缓染作用。由于 SO_4^{2-} 对纤维的亲和力较 Cl^- 大一些,所以加元明粉的缓染作用比加食盐更大一些。通过这种缓染作用可提高染料的移染性,获得匀染效果,但加入量过多会降低上染率。

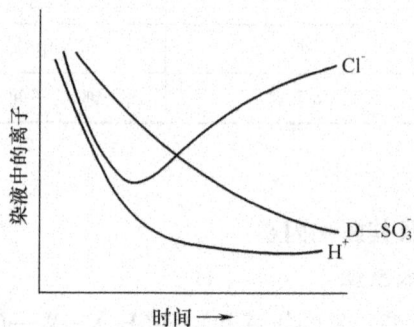

图 5 - 1　酸性紫红 6R 染羊毛时各种
离子浓度随时间的变化

3. 染色温度和时间的影响　随着温度的升高,染料在染液中的聚集程度下降,同时纤维的膨化程度提高,染料在纤维表面的吸附和向纤维内部扩散的速率加快。所以要根据染料的聚集倾向大小和扩散性、移染性能高低来控制合适的初染温度、升温速率和染色时间,才能达到匀染、染透的目的。

五、酸性染料对羊毛的染色工艺

羊毛的氨基含量为 0.8 ~ 0.9mol/kg,羊毛(角质)的等电点时的 pH 值为 4.2 ~ 4.8,同时羊毛表面有鳞片层,耐酸性较好,所以羊毛纤维可以在强酸性或弱酸性和中性条件下用酸性染料染色。

(一)强酸性染色工艺

1. 染液处方

染料	X
结晶元明粉(owf)	10% ~ 20%
硫酸(98%,owf)	2% ~ 4%
染色 pH 值	2 ~ 4
浴比	1:(20 ~ 30)

硫酸起促染作用,染深色时用量应大些,可分次加入或初染时改用醋酸,以避免染色不匀。元明粉起缓染作用,有利于匀染,染浅色时应多加,也可加入阴离子或非离子表面活性剂起缓染和匀染作用。

2. 染色工艺流程　强酸性染料染色升温曲线如图 5 - 2 所示。

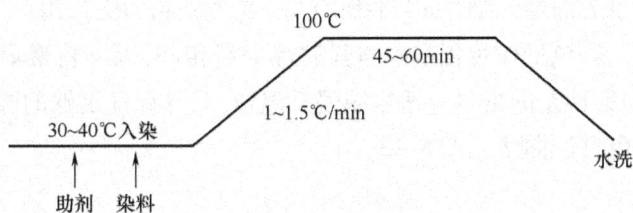

图 5 - 2　强酸性染料染色升温曲线

染料用冷水、温水或醋酸打浆,再用温水或沸水稀释、过滤。染液升温至 30 ~ 40℃入染,采用缓慢升温以控制上染速率。沸染时间应根据染料的扩散性、透染性、上染率、移染及匀染性来确定。沸染时间太短,透染性差,影响染色牢度,而且不利于通过移染来消除染色不匀。沸染时间过长会使某些染料色光变浅、萎暗,织物易起毛,毛线易毡并。染深色时,可适当延长沸染时间。

3. 染色实例　强酸性染料染纯毛绒线,军绿色

(1)染色处方(owf):

酸性黄 2G	1.43%
酸性蓝 BGA	0.44%
硫酸(98%)	2%
元明粉	4%
平平加 O	0.1%

(2)染色升温曲线:

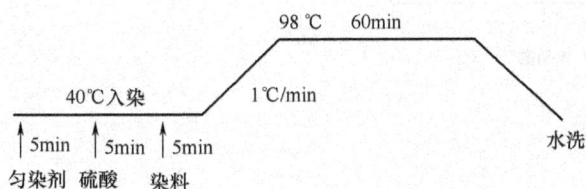

(二)弱酸性染色工艺

1. 染液处方

染料	X
醋酸(98%,owf)	0.5% ~ 2%
结晶元明粉(owf)	10% ~ 15%
匀染剂(平平加 O、拉开粉 BX 等,owf)	0 ~ 0.5%
染色 pH 值	4 ~ 6
浴比	1:(20 ~ 40)

醋酸用来调节 pH 值,染浅色或匀染性差的染料,pH 值应适当高些,并分两次加入醋酸,也

可用部分硫酸铵代替醋酸。元明粉起促染作用,应在染色一段时间后加入,染浅色时可不加。可加入阴离子或非离子表面活性剂(如平平加 O 等)起缓染和匀染作用。

2. 染色工艺流程　染色操作过程基本与强酸性染料相同,因染料聚集倾向较大,入染温度比强酸性染料高,对匀染性差的染料应适当减慢升温速率,并保证足够的沸染时间使纤维染匀、染透。弱酸性染料染色升温曲线见图 5 - 3。

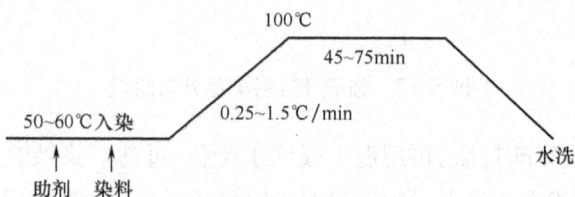

图 5 - 3　弱酸性染料染色升温曲线

3. 染色实例　弱酸性染料染纯毛,黄绿色

(1)染色处方(owf):

普拉黄 GN	0.12%
弱酸艳蓝 RAW	0.08%
冰醋酸	1%
元明粉	3g/L

(2)染色升温曲线:

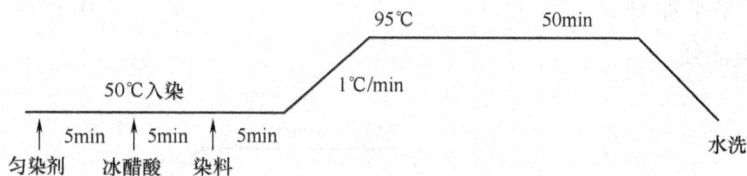

（三）中性染色工艺

1. 染液处方

染料	X
硫酸铵(owf)	1% ~2%
或醋酸铵(owf)	2% ~4%
匀染剂(owf)	0 ~0.5%
染色 pH 值	6 ~7
浴比	1:(20 ~40)

硫酸铵在染液中发生水解,使染液带微酸性,当温度较高时,氨气挥发逸出,使染液 pH 值逐渐降低,在匀染的同时达到较高的上染率,对深色可加 10% ~15% 结晶元明粉起促染作用,应在染色一段时间后分多次加入。

因羊毛有一定的还原能力,使有些对还原作用较敏感的染料,沸染后会泛红,色光萎暗,可加入少量氧化剂加以克服,如加 0.25% ~ 0.5% 重铬酸钠,用量不宜过高,染色温度不宜超过95℃。

2. 染色工艺流程 如图 5 - 4 所示。

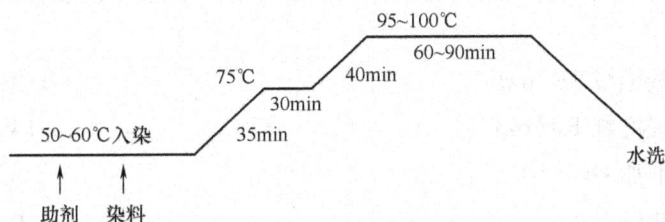

图 5 - 4 中性染色升温曲线

染色操作过程基本与弱酸性染料相同,因染料聚集倾向较大,匀染性较差,移染性差,要求较高温度始染,并适当减慢升温速率或采用分段升温。

六、酸性染料对蚕丝的染色工艺

蚕丝和羊毛同属蛋白质纤维,分子中既含有氨基,又含有羧基,具有两性性质,所以,酸性染料是蚕丝染色的主要染料。但蚕丝丝素中氨基的含量为 0.12 ~ 0.20mol/kg,比羊毛的氨基含量低。丝素达到等电点时的 pH 值为 3.5 ~ 5.2。丝素对酸的稳定性比羊毛差,在强酸性条件下染色时,蚕丝的光泽、手感、强力都受到影响。因此蚕丝通常用弱酸性染料染色,染液 pH 值一般控制在 4 ~ 6,用醋酸调节。随着酸用量增加,上染速率和上染率均增加,但易造成染色不匀,可在染色中分次加酸。也可在近中性的条件下进行染色,匀染性较好,并可与直接染料及中性染料拼色染色。加中性电解质起促染作用,加阴离子及非离子表面活性剂起缓染作用,对酸比较敏感和移染性差的染料染色时,可使用释酸剂代替加酸,释酸剂一般为有机酯类化合物,随着染浴温度上升发生水解逐步释放出 H^+,使染浴 pH 值由中性向酸性移动,产生促染作用。

蚕丝织物一般比较轻薄,对光泽要求较高,表面容易擦伤,织物长时间沸染,部分丝素会溶解,影响手感,织物之间相互摩擦,易造成局部"灰伤",所以染色时一般不宜沸染。由于蚕丝表面没有鳞片层组织,无定形区比较松弛,在水中膨化较剧烈,染料在纤维中比较容易扩散,上染速率较快,温度越高,上染越快,易造成染色不匀,宜采用逐步升温的工艺。

酸性染料在蚕丝上颜色较鲜艳,但湿处理牢度比在羊毛上低,染色后一般要经阳离子固色剂处理,以提高湿处理牢度,尤其是深色产品,大多数要用固色剂处理后才能获得较好的染色牢度。但固色剂处理后,往往使颜色鲜艳度变差。常用的固色剂有固色剂 Y 等含甲醛阳离子树脂类固色剂和新型的无甲醛环保固色剂。固色剂 Y 为双氰胺与甲醛缩合物,已有很长历史,固色效果较好,但织物上游离甲醛含量高,不符合环保要求,正逐步被不含甲醛的环保固色剂替代,无甲醛固色剂一般为阳离子性的多烯胺或季铵盐树脂,有的还带有环氧基等反应性基团,固色效果好,固色后织物色光变化小,如环保固色剂 ZS - 201、无醛固色剂 HWS 等。

蚕丝用弱酸性染料染色常用浸染、卷染等方法。主要染色设备有绳状染色机、卷染机、方形架染色机和星形架染色机等。

(一)绳状染色机染色工艺

真丝乔其、双绉等轻薄织物常用绳状染色机染色。现以真丝乔其染橘红色为例。

1. 染色处方

弱酸艳橙 2R(owf)	1.8%
弱酸桃红 BR(owf)	0.14%
平平加 O(g/L)	0.3
食盐(g/L)	0.5
浴比	1:30

2. 染色工艺流程　工艺流程如图 5 - 5 所示。

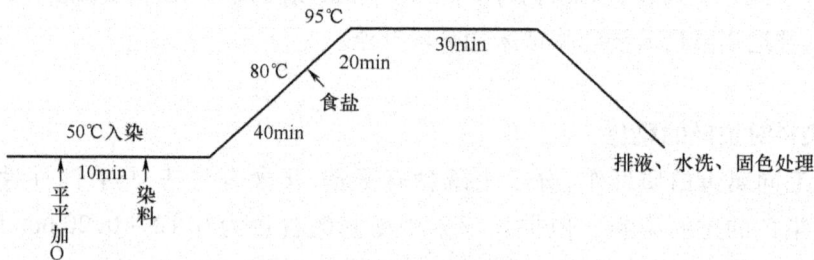

图 5 - 5　蚕丝绳状染色工艺曲线

后处理:先以流动冷水冲洗一次,继以 40℃温水和冷水洗,再经固色处理。

固色处方:

环保固色剂 ZS - 201(owf)	3%
平平加 O(g/L)	0.1
冰醋酸(mL/L)	0.2
温度(℃)	40 ~ 50
时间(min)	20 ~ 30

固色后可冷水洗 5min 或直接出机。

(二)卷染机染色工艺

卷染机染色能保持绸面平整,不易擦毛受伤,但有一定张力,适用于要求平整光洁和光泽要求高的绸缎织物。以真丝电力纺染桃红色为例。

1. 工艺处方

预处理:

平平加 O(g/L)	1

染色:

弱酸桃红 BS(owf)	0.4%

平平加 O(g/L)　　　　　　　　　0.5(染色开始时加入)

冰醋酸(mL/L)　　　0.5(在染色第5道、第6道时各加一半)

浴比　　　　　　　　　　　　　　1:(3~5)

(浴量150L,织物每卷长600~800m)

固色:

环保固色剂 ZS - 201(owf)　　　　　　　　　2%

平平加 O(g/L)　　　　　　　　　　　　　　0.2

冰醋酸(mL/L)　　　　　　　　　　　　　　0.1

2.工艺流程

上轴→前处理(95℃,两道)→染色(60℃,4道;80℃,4道;95℃,4道)→水洗(60℃,1道;40℃,1道,室温1道)→固色(45℃,4道)→水洗(室温,1道)→上卷

(三)方形架和星形架染色工艺

方形架和星形架染色是在织物完全松弛状态下进行的,能避免织物的损伤,星形架染色机还可通过染液循环促使织物染匀、染透。但由于浴比较大,染化料利用率低,一般采用续缸染色。

工艺流程:

挂绸上架→吊架入槽→前处理→染色→后处理→出槽下绸脱水

预处理:

平平加 O(g/L)　　　　　　　　　　　　　　0.2

温度(℃)　　　　　　　　　　　　　　　　50

时间(min)　　　　　　　　　　　　　　　15

1.染色处方

	清水桶	连桶补加
弱酸艳蓝 5GM(owf)	3%	2.1%
弱酸嫩黄 G(owf)	0.85%	0.66%
平平加 O(g/L)	0.2	0.04
食盐(g/L)	1	0.6
浴比	1:(100~200)	

2.染色工艺流程 见图5-6:

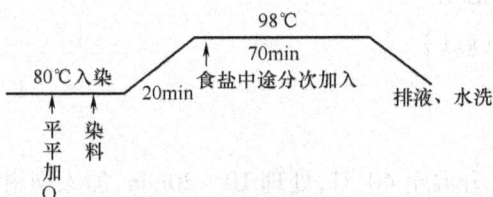

图5-6 方形架和星形架染色升温曲线

后处理:45℃水洗→45℃固色 15~30min

固色:

环保固色剂 ZS – 201(owf)	2% ~6%
平平加 O(g/L)	0.25
冰醋酸(mL/L)	1

七、酸性染料对锦纶的染色工艺

锦纶分子中也同时含有氨基和羧基,具有两性性质,酸性染料是锦纶染色的常用染料,得色鲜艳,上染率和染色牢度均较高。但锦纶中氨基的含量低,锦纶 6 约为 0.098mol/kg,约为羊毛的 1/10,锦纶 66 为 0.03~0.05mol/kg,约为羊毛的 1/20,锦纶等电点约为 5~6。在 pH < 3 的强酸性条件下,由于锦纶中的亚氨基吸酸产生"染座",上染量会急剧增加,产生超当量吸附,但纤维易水解,强度明显下降。锦纶常用弱酸性染料染色,在 pH = 4~6 条件下,染料以离子键、氢键和范德华力共同作用而与纤维结合,可以染得深浓色。

由于氨基含量低且纤维微结构均匀性差,所以,酸性染料染锦纶的匀染性和覆盖性较差,易产生经柳、横档等疵病,当用两只或两只以上染料拼色时,易发生竞染现象,因此要选择匀染性、配伍性较好的染料。羊毛和蚕丝常用的弱酸性染料并不都适用于锦纶,宜选用适合锦纶染色的专用染料,也可与分散染料、中性染料拼色。

锦纶虽为合成纤维,但其玻璃化温度(T_g)较低,锦纶 6 的 T_g 为 35~50℃,锦纶 66 的 T_g 为 50℃左右,始染温度一般为 40℃,锦纶 6 的始染温度应更低些。应缓慢升温再沸染一段时间,以提高移染性和覆盖性,若采用 110~120℃加压染色有助于提高移染性和覆盖性。为了提高匀染性,可采用净洗剂 LS、分散剂 NNO 等阴离子表面活性剂和平平加 O 等非离子表面活性剂进行缓染。对匀染性和覆盖性特别差的情况,可同时加少量阳离子匀染剂,如山德匀 NH 等,与染料形成暂时结合物,当温度升高时,逐渐释放出染料离子上染以改善经柳和横档疵病。由于阴离子和非离子匀染剂会降低染料吸尽率,阳离子匀染剂易引起色斑和沉淀,所以要严格控制用量。

锦纶染色工艺常用浸染和卷染两种。锦纶散纤维、锦纶条、锦纶丝和弹力丝织物常用浸染工艺,锦纶绸为防止产生皱印,常用卷染工艺。

(一)浸染工艺

染液处方:

弱酸性染料	X
冰醋酸(mL/L)	0.5
平平加 O(g/L)	1
浴比	1:(10~12)

工艺流程:

加入平平加 O 和醋酸,升温至 40 ℃,处理 10~20min,加入染料溶液,在 30~40min 内升温至沸,染 40~60min,然后水洗、固色。

固色处方:

单宁酸处理：

单宁酸	1% ~2%
醋酸	1% ~2%

吐酒石处理：

吐酒石	0.75% ~1%
浴比	1:(15 ~40)

50 ℃加入单宁酸、醋酸,升温至 65 ~70℃,保温处理 20min,然后加入吐酒石,升温至 75℃,保温处理 20min,清洗,50℃柔软处理 20 ~30min。

（二）卷染工艺

染液处方：

弱酸性染料	X
净洗剂 LS(g)	100
硫酸铵(g)	150
液量(L)	150

工艺流程：

50℃入染两道→70 ℃染两道→100 ℃染 8 道(第 6 道、第 7 道加入硫酸铵溶液)→70℃、50℃各水洗 1 道→冷水上卷

☞ 思考题

1. 设计酸性染料对丝毛织物的染色处方,染色流程。

2. 检测染色成品的色牢度。

3. 羊毛纤维酸性染料染色时,食盐在强酸性浴中和中性浴中所起的作用是否相同? 为什么?

任务 2　酸性含媒染料染色

酸性媒染染料的染色牢度好,但染色工艺复杂,如将染料预先与金属离子络合,就制成了酸性含媒染料。酸性含媒染料分子中已具有金属络合结构(大多数含铬,少数含钴、铜、镍),染色时不需再经媒染处理,但络合作用没有酸性媒染染料充分,湿处理牢度较强酸性染料好,但不如酸性媒染染料。按络合时金属离子与染料的比例不同,分为 1:1 型和 1:2 型两类。

一、酸性含媒染料的类型

（一）1:1 型酸性含媒染料

1:1 型酸性含媒染料也称为酸性络合染料,这类染料为金属离子与邻羟基偶氮结构染料以 1:1 比例络合的染料,染色方法与强酸性染料相似。为了防止在上染过程中染料中的金属离子过早与纤维上氨基形成配位键而造成染色不匀,染色时需加较多硫酸,在强酸性染浴中进行,使

纤维上的氨基离子化,并抑制羧基的电离,从而暂时不能形成配位结构,起匀染作用。当上染完毕经水洗去除硫酸后,纤维上的氨基和离子化的羧基可与染料中的金属离子形成配位键而使染料与纤维牢固地结合在一起,最终的结合状态与酸性媒染染料相似,但络合作用不如酸性媒染染料强。由于染色 pH 值低,仅用于羊毛染色。

(二)1:2 型酸性含媒染料

1:2 型酸性含媒染料也称为中性染料,金属离子与染料分子以 1:2 的比例络合,染料仍带负电荷。与 1:1 型酸性含媒染料相比,1:2 型染料各项牢度较好,特别是日晒牢度更佳。但由于染料分子量大,其匀染性较差。色泽没有 1:1 型酸性含媒染料鲜艳,色光偏暗。

1:2 型酸性含媒染料染蛋白质及聚酰胺纤维时,由于染料分子中的金属离子已与染料完全络合,故不能再与纤维上的供电子基形成配位键结合,其染色原理与中性浴染色的弱酸性染料十分相似。当染浴近中性时,染料与纤维间的氢键和范德华力起主要作用,染浴 pH 值较低时,由于离子键的作用,染料上染速率较快,易造成染色不匀。所以 1:2 型酸性含媒染料染色 pH 值宜控制在中性或弱酸性,故又称其为中性络合染料,简称中性染料。可用于羊毛、蚕丝、锦纶、维纶等纤维的染色。

二、酸性含媒染料的染色工艺

(一)1:1 型酸性含媒染料的染色工艺

染液处方:

酸性络合染料	X
98%(66°Bé)硫酸(owf)	4% ~4.5%
非离子型匀染剂(owf)	1.5% ~2%
浴比	1:30

中和液处方:

纯碱(owf)	1% ~1.5%
或醋酸钠(owf)	2% ~3%
或浓度为 25% 的氨水(owf)	2% ~2.5%

染色过程:35 ~40℃ 开始染色,以每 1 ~1.5min 升高 1℃ 的速率升温至沸,沸染 90 ~120min,逐渐降温至 40℃,清洗至 pH 值为 4 ~5,升温至 50℃,加碱中和 20 ~30min,并清洗至洗液 pH 值为 6 ~7。

(二)1:2 型酸性含媒染料的染色工艺

1.羊毛染色工艺

染色处方:

中性染料	X
醋酸铵(owf)	2% ~4%(调 pH 值至 6 ~7)
平平加 O(owf)	0 ~0.5%
元明粉(owf)	0 ~10%

染色过程:40~50℃开始染色,在30~60min内升温至沸,沸染60~90min,逐步降温清洗。

2. 蚕丝织物染色工艺

染色处方:

中性染料	X
醋酸铵(owf)	1%~2%
平平加O(owf)	0~0.5%

染色过程:40~50℃开始染色,在30~60min内升温至95~98℃,保温45~60min,以温水和冷水清洗。中色、浓色织物可经固色处理,固色工艺可参照弱酸性染料染色。

3. 锦纶织物染色工艺

染色处方:

中性染料	X
硫酸铵(owf)	1%~2%
平平加O(owf)	0.5%~1%

染色过程:30~40℃开始染色,在30~60min内升温至沸,沸染60~90min,水洗。为提高染色牢度,染色后用净洗剂LS 0.5%~1%(owf)在40~50℃下处理20min。

一般染浴pH值控制为:浓色7~7.5,淡色7.5~8。由于锦纶6比锦纶66染色能力强,所以锦纶6染色时,pH值要稍高一些为好,必要时可加入磷酸三钠,调高染浴的pH值,以避免染花。对上染率低的染料或染浓色,可在沸染一段时间后加80%的醋酸0.5%~1%(owf)进行促染。对匀染性较差的染料可加净洗剂LS 0.5%~1%(owf)与平平加O并用,可加强缓染作用。中性染料染锦纶时,可以和直接染料、弱酸性染料拼色。

三、酸性类染料产品质量控制

(一)酸性染料、酸性媒染染料、酸性含媒染料染色常见疵病

酸性染料、酸性媒染染料、酸性含媒染料染色常见疵病见表5-2。

表5-2 酸性类染料染色常见疵病

疵病名称	现象	产生原因
色花	表面出现不规则条状或块状色泽不匀	1. 弱酸性染料、媒染染料、1:2型酸性含媒染料染色pH值偏低,上染速率过快 2. 始染温度过高,初染速率过快或沸染保温时间不足,移染作用不够 3. 1:1型酸性含媒染料染色pH值过高,染料渗透扩散不充分,过早络合 4. 染料溶解打浆不匀,染料溶解不充分,在染浴中分布不匀 5. 弱酸性染料染色时,促染剂加得过快,或加促染剂时未关闭蒸汽并适当降温再加 6. 溶解度较低,低温时易凝聚的弱酸性染料、中性染料等,始染温度过低,染料凝聚造成色点、色斑
色差	在相同原料和染相同色号情况下,缸与缸之间产生色差	1. 每缸染色时浴比、温度、时间、助剂用量不相同 2. 部分对还原敏感的弱酸性染料染羊毛时沸染温度过高引起色光变化 3. 媒染染料染色时未按顺序加红矾和酸

续表

疵病名称	现象	产生原因
摩擦和耐洗牢度差	摩擦和皂洗时沾色严重	1. 染料选择不当 2. 染色时间不够,扩散不充分,表面浮色多 3. 水洗不充分 4. 酸性染料固色处理不当

(二)染色质量控制方法

1. 加强前道工序的质量控制 毛织物的洗呢或缩呢的均匀性、洗液温度、用碱量和冲洗情况均会影响匀染性和重现性,坯布残留碱性高,对某些染料易造成色花。蚕丝织物脱胶精练质量也会影响染色的均匀性。可通过坯布和半成品的检验分档,根据不同的坯布和半成品状况制订合适的染色工艺。由于中性染料染色时不加酸,所以纤维上残留的碱更易引起染色疵病,因此对染前织物一定要洗匀、洗净。

2. 选择合适的染料 根据不同的牢度要求选用染料类型,对拼色染料要选用上染速率相近、移染性、溶解度和对染浴 pH 值要求相近的染料,以防产生色花和色差。

3. 采用适当的化料方法 对溶解度小的媒染染料、弱酸性染料、1:2 型酸性含媒染料,要用冷水打浆后再用沸水稀释,或沸煮数分钟,有时可加适量扩散剂助溶,以防化料不充分造成色点。

4. 控制适当的 pH 值和加酸的方法 弱酸性染料、1:2 型酸性含媒染料的染色 pH 值不宜过低,以防染色不匀。如需提高吸尽率,可分几次加酸,逐渐降低 pH 值;1:1 型酸性含媒染料的染色 pH 值不宜过高,以利于充分扩散,防止过早络合。

5. 严格控制染色温度 对上染速率较快的染料宜采用较低的始染温度均匀上染,对易凝聚的弱酸性染料和中性染料始染温度不宜过低,以防染料凝聚。要控制升温速率,避免上染速率过快。要保证足够的保温时间,使染料充分扩散和移染,提高匀染性和色牢度。

6. 严格按工艺规程操作 要按各类染料的工艺规定进行操作,染化料的加料顺序、织物的缝头、卷绕和堆置方式和时间、设备的清洁、水质要求等各方面都要严格要求,才能确保染色质量的稳定。

☞ **思考题**

1. 酸性络合染料染色时对染液 pH 值有何要求?为什么?在染色过程中如何调节?

2. 酸性染料、酸性媒染染料、酸性含媒染料的染色质量主要应从哪几方面加以控制?分别说明控制不良的后果。

3. 比较酸性络合染料和中性染料的染色原理,并说明两者在染色条件和性能方面主要区别。

任务 3　活性染料染色

一、毛用活性染料染羊毛

毛用活性染料也是一类重要的染料,具有固色率高、匀染性好及色泽鲜艳等特点。在毛用活性染料专用助剂存在下,固色率可达 85%,甚至高达 95%。这些染料的出现,大大促进了活性染料对羊毛织物染色的应用。

(一)毛用活性染料的类别

目前已开发的用于羊毛染色的活性染料主要有以下几类:

1. α - 溴代丙烯酸胺类　已商品化的有兰纳素(Lanasol)染料,我国也有同类产品,典型的结构为:

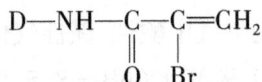

$$D—NH—\underset{O}{\overset{|}{C}}—\underset{Br}{\overset{|}{C}}=CH_2$$

这类染料反应性较高,耐晒牢度和湿处理牢度均较好。

2. 2,4 - 二氟 - 5 - 氯嘧啶类　其典型结构如下:

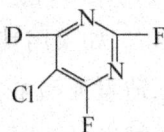

它们原来是棉用活性染料,也可以用于羊毛等蛋白质纤维染色,反应性较高,固色率可高达 95%,湿处理牢度也很好,商品染料有 Drimalan F、Verofix、Realan 等。

3. N - 甲基牛磺酸羟乙基砜类　其典型的结构如下:

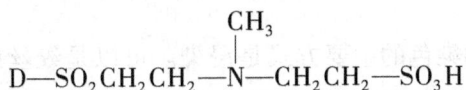

$$D—SO_2CH_2CH_2—\overset{\overset{\displaystyle CH_3}{|}}{N}—CH_2CH_2—SO_3H$$

主要商品染料有 Hostalan 系列染料。这类染料的特点是在较高 pH 时,它类似于酸性染料,通过库仑引力与羊毛结合,但随着 pH 降低,染料结合质子季铵化,加快了染料转变成乙烯砜基的速度,乙烯砜基再与羊毛反应,形成共价键结合而固着。

4. 丙烯酰胺或氯乙酰胺类　这是一类反应性相对较弱的染料,主要商品染料有 Procilan 系列染料,一些染料是 1∶2 金属络合染料,典型的结构如下:

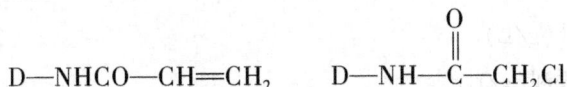

$$D—NHCO—CH=CH_2 \qquad D—NH—\overset{\overset{\displaystyle O}{\|}}{C}—CH_2Cl$$

5. 乙烯砜类　近年来为了适用于羊毛染色,开发了一些新型的乙烯砜类染料,和纤维素纤维染色用乙烯砜类染料不同之处主要是通过修饰染料母体结构和连接基,使这类染料染羊毛有很好的匀染性和重现性,商品染料有 Sumifix WF、Realan WN、Lanasol CE 等系列染料。

(二)毛用活性染料染色工艺

1. 浸染 活性染料染羊毛主要采用浸染方式,一般是以散毛、毛条、纱线或匹状织物形式染色。

染色处方如下:

染料(owf)	0.5% ~5%
醋酸(80% ,g/L)	0.5 ~3
硫酸铵(g/L)	0 ~4
元明粉(g/L)	0 ~10
匀染剂(g/L)	1 ~3
pH 值	3.6 ~7

2. 冷轧堆染色 先将织物(或毛条)在室温下浸轧染液、打卷。如果是毛条则叠堆在容器中,并用塑料薄膜覆盖,以免风干或受空气中酸性、碱性气体的影响。堆置时间取决于活性染料的种类和染料浓度。堆置固色后再用稀氨水(pH = 8.5,50℃)洗涤 5 ~ 15min,接着用水充分洗涤。

浸轧液中的尿素浓度一般为 300g/L,加入适量润湿剂,并用稀醋酸调节 pH 在 5 左右,也可再加适量防泳移剂和消泡剂。染料一般选用反应性强的二氯均三嗪类染料。织物在打卷堆置时要缓慢转动,二氯均三嗪类染料堆置 24h。如果用其他类的染料,堆置时间应延长,如一氯均三嗪类染料堆置 48h。如果在染浴中加入适量亚硫酸氢钠(10 ~ 20g/L),一氯均三嗪类染料的堆置时间可缩短到 8h,其他类染料堆置时间也可缩短。

无论是采用浸染或是冷轧堆染色,染后用稀氨水处理都可提高染色成品的湿处理牢度。

二、蚕丝用活性染料染蚕丝

(一)浸染

活性染料用于蚕丝织物染色的主要方式是浸染。可以是绞丝或是匹状织物染色。染色设备有喷射式绞丝染色机、绳状染色机、星形架染色机、方形架染色机、挂染槽、转笼式染色机以及溢流或喷射绳状染色机等。

1. 绞丝染色 绞丝主要采用喷射式绞丝染色机,工艺流程为:

润湿→染色→皂煮→水洗

染色工艺处方:

活性染料(owf)	2% ~10%
元明粉(g/L)	20 ~30
固色碱剂(g/L)	0 ~6
浴比	1:20

2. 蚕丝织物浸染 蚕丝织物浸染工艺和绞丝染色近似。主要在绳状染色机上进行,浴比

随染色设备而定,一般为1∶(40~60)。和酸性染料拼混染色时,宜选用反应性强的 X 型活性染料在弱酸性浴中染色。

(二)卷染

1. 酸浴法 主要适用于一些特殊品种染料的染色,这种染色工艺的流程为:

织物前处理→染色(30~100℃,12 道)→酸洗(100℃,1 道)→皂煮(85℃,4 道)→水洗→冷水上卷

染色工艺处方:

染色:

活性染料(owf)	2%~4%
醋酸(98%,mL/L)	5
液量(L)	150

酸洗:

醋酸(98%,mL/L)	1
匀染剂(g/L)	0.5
液量(L)	150

2. 中性浴法 中性浴法一般也用 X 型等反应性强的活性染料,一般工艺流程为:

织物润湿打卷→染色(40~100℃,14 道)→水洗→冷水上卷

染色工艺处方:

活性染料(owf)	2%~4%
食盐(g/L)	20~50
液量(L)	300

3. 碱浴法 碱浴法较适合于绢纺产品的染色,可适用的染料类型较多,一般工艺流程为:

织物润湿打卷→染色(8~10 道)→固色→水洗→皂煮→水洗→冷水上卷

染色浴:

活性染料(owf)	2%~4%
食盐(g/L)	20~50
液量(L)	300

固色浴:

食盐(g/L)	20~30
液量(L)	300

(三)冷轧堆染色

一般工艺流程为:

浸轧→打卷堆置→水洗→皂洗→水洗→酸洗→冷水上卷

染色工艺处方及条件见表 5-3。

表 5 – 3 冷轧堆染色工艺处方及条件

染化料名称		用量		
		浅色	中色	深色
轧染	活性染料(g/L)	5 ~ 10	10 ~ 30	30 ~ 50
	尿素(g/L)	0 ~ 10	10 ~ 30	30 ~ 50
	元明粉(g/L)	10 ~ 15	15 ~ 20	20 ~ 25
	小苏打或纯碱	适量	适量	适量
皂洗	第1格 洗涤剂(g/L)	3 ~ 4		
	第1格 纯碱(g/L)	1		
	第2格 洗涤剂(g/L)	2		
工艺条件	一浸一轧(30 ~ 40℃,轧液率70% ~ 100%) 堆置 4 ~ 24h 皂洗温度 75 ~ 80℃ 98% 醋酸洗(1 ~ 1.5mL/L)			

☞ **思考题**

1. 毛用活性染料的结构和普通活性染料有何区别?

2. 毛用活性染料能否完全替代现在酸性染料对蛋白质纤维制品的染色?

项目六　合成纤维制品染色

任务1　分散染料染色

分散染料是一类水溶性较低的非离子型染料,染色时依靠分散剂的作用以微小颗粒状均匀地分散在染液中,因而称为分散染料。最早用于醋酯纤维的染色,称为醋纤染料。随着合成纤维的发展,锦纶、涤纶相继出现,尤其是涤纶,由于具有整列度高,纤维空隙少,疏水性强等特性,要在有载体或高温、热熔下使纤维膨化,染料才能进入纤维并上染。因此,对染料提出了新的要求,即要求具有更好疏水性和一定分散性及耐升华等的染料,目前印染加工中用于涤纶织物染色的分散染料基本上具备这些性能,但由于品种较多,使用时还必须根据加工要求选行选择。分散染料染色的特点是色泽艳丽,耐洗牢度优良,用途广泛。

一、分散染料的主要性能及分类

(一)主要性能

1. 溶解性　分散染料是分子型染料,即在分子结构中不含有如磺酸基($—SO_3Na$)、羧酸基($—COONa$)等水溶性基团,只含有如$—OH$、$—NH_2$、$—NHR$、$—N=N—$等一些极性基团,因此,在水中只有微小的溶解度(溶解度一般为$0.1 \sim 10mg/L$),绝大多数的染料是借助于分散剂的作用,以小晶体颗粒分散在水中。分散染料的低水溶性是一个十分重要的性质,因为只有溶解了的染料分子才能进入涤纶微隙,在纤维内部进行扩散而染着。分散剂可以提高染料的溶解度,但是分散染料在水中的溶解度不能过大,否则不易染着涤纶,所以在染浴中添加一些助剂以增加染料的溶解度,可以起到缓染甚至剥色作用。分散染料的溶解度随温度升高而提高,在超过100℃时作用更明显。但在配制染液(俗称化料)时,分散染料中分散剂会因温度过高而析出,造成染料聚集,所以分散染料化料温度不宜超过45℃。

2. 稳定性　在高温碱性的条件下,分散染料分子中的某些基团会发生水解或还原,致使染料分子结构破坏,造成色浅、色萎。

(1)水解:当染料分子中含有酯基、酰氨基、氰基等时,高温碱性条件下易水解。

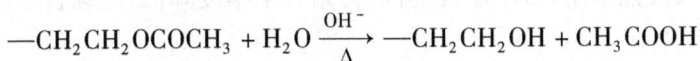

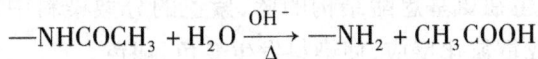

$$—CH_2CH_2OCOCH_3 + H_2O \xrightarrow[\Delta]{OH^-} —CH_2CH_2OH + CH_3COOH$$

$$—NHCOCH_3 + H_2O \xrightarrow[\Delta]{OH^-} —NH_2 + CH_3COOH$$

$$—CN + H_2O \xrightarrow[\Delta]{OH^-} —COOH + NH_3$$

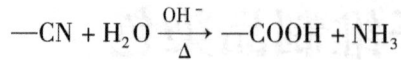

如分散蓝 HGL、福隆深蓝 S－2GL 等,所以当分散—活性染料同浴染色时要尽量减少活性染料中碱剂的用量。

(2)还原分解:分散染料分子中的硝基、偶氮基容易被还原。

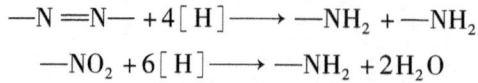

$$—N=N— + 4[H] \longrightarrow —NH_2 + —NH_2$$
$$—NO_2 + 6[H] \longrightarrow —NH_2 + 2H_2O$$

纤维素分子中含有半缩醛基,具有一定还原性,在高温碱性条件下用分散染料染涤棉或涤黏混纺织物,就可能发生这些反应,所以常在染液中添加一定量温和的氧化剂,如间硝基苯磺酸钠来防止这种现象发生。

(3)羟基、氨基的离子化:在高温碱性条件下,染料分子中的羟基能发生离子化反应,使染料的水溶性增加,上染百分率降低,所以分散染料染液的 pH 值不宜太高。

$$—OH + OH^- \longrightarrow —O^- + H_2O$$

而 pH 值较低时,染料分子中的氨基也会发生离子化反应,使得染料的上染率降低和色光的变化。

$$—NH_2 + H^+ \longrightarrow —N^+H_3$$

分散染料染色时,pH 值宜控制在 4.5～6 的弱酸性范围,此 pH 值范围内染物颜色鲜艳,上染百分率也较高。

3. 升华牢度 升华牢度是表示染色织物经一定条件的高温热处理后的褪色情况。涤纶及其混纺织物在染整加工以及使用过程中,由于要受到高温热处理,如热定形、热熔染色、熨烫整理等,所以对分散染料的升华牢度有一定的要求。

分散染料的升华牢度与染料分子的大小、分子中极性基团的数目以及极性大小有关。一般来说染料分子结构越大、分子中极性基团的数目越多、染料分子的极性越大,则染料的升华牢度越好。

4. 耐晒牢度 分散染料在涤纶上的耐晒牢度一般比较高。偶氮类分散染料在涤纶上的耐晒牢度一般属于光氧化反应,染料分子中引入供电子基,使—N=N—上氮原子的电子云密度增大,易发生光氧化,染料易褪色,耐晒牢度降低。染料分子中引入吸电子基,使—N=N—上氮原子的电子云密度降低,可阻止光氧化,耐晒牢度提高。

蒽醌类分散染料的日晒褪色较复杂,通常对 α－氨基蒽醌的衍生物来说,α－NH_2上的电子云密度越高,就容易受到氧原子的攻击,耐晒牢度差;相反 α－NH_2上的电子云密度越低,耐晒牢度较高。

染料分子上引入极性基团,升华牢度提高,但耐日晒牢度降低,应综合考虑并合理地选择分散染料。

5. 烟褪牢度 主要发生在氨基蒽醌结构的蓝、紫色的分散染料中,遇到空气中的 NO、NO_2 等气体,容易发生亚硝化或重氮化反应,使染料发生变色、褪色。

染料分子中有吸电子基,反应慢,烟褪牢度提高;染料分子中有供电子基,因为硝化反应是亲电反应,供电子基使电子云密度提高,易发生硝化反应,烟褪牢度降低。在醋纤中,NO 气体溶解多,易褪色;在涤纶上,NO 气体溶解少,不易褪色。

（二）分散染料应用分类

分散染料按应用性能分类,各厂都有自己的一套分类标准,通常以染料尾注字母表示。常见的分散染料分类如表 6 - 1 所示。

表 6 - 1 分散染料分类

类型	高温型 （S 型）	中温型 （SE 型）	低温型 （E 型）
分子大小	大	中	小
升华牢度	好	中	低
移染性	较差	中	好
扩散性能	慢	中	快
热熔染色（℃）	220～220	190～205	180～195
高温染色（℃）	130	120～130	120～125
色泽选用范围	浓色	中浓色	淡中色

二、分散染料的染色方法及其原理

（一）高温高压染色法

高温高压染色法是指将涤纶置于盛有染液的密闭容器中,并在 120～130℃,2～3kg/cm² 压力的染色条件下进行染色的一种方法。它是通过高温、高湿效应提高了涤纶的染色性能,即在高温条件下,纤维分子链段运动加剧,分子间微隙增大,同时染料分子溶解度提高,染料运动动能增加,利于染料上染纤维。另外,在高湿条件下,水的增塑作用也能使纤维分子间微隙增大,这也有利于染料的上染。在高温高压染色法中,分散染料上染的过程是:分散染料的悬浮液中,有少量分散染料溶解成单分子,因此在染料的悬浮体中存在着大小不同的染料颗粒和染料单分子,染料呈溶解饱和状态。染色时已溶解的染料分子到达纤维表面,被纤维表面吸附,并在高温下向纤维内部扩散,随着染液中染料单分子被吸附,染料中的染料颗粒不断溶解,分散剂胶束中的染料不断释放出来,不断提供单分子染料,再吸附、扩散,染色后,随着温度的降低,纤维分子链段运动停止,自由体积缩小,染料由于与纤维分子间的范德华力、氢键以及由于机械作用等而固着纤维。

显然染色的温度越高,则纤维分子链段运动越剧烈,产生瞬时孔隙越多越大,染料扩散越快,染色所需要的时间越短,但容器内的压力也越大,对设备的要求也越高。

高温高压染色法具有染色产品手感好,匀透性好,色泽鲜艳,色光纯正,染料利用高（80%～90%）,生产效果稳定（正品率 80%～90%）,生产灵活性大等特点,但对所选用的染料要求有良好的分散性能、移染性和遮盖性。

（二）热熔染色法

热熔染色法是指涤纶织物在热熔染色机上通过干加热（即焙烘），在高温（170～220℃）的染色条件下进行染料上染的一种染色方法。染色时，织物先通过浸轧槽将染料浸轧在纤维表面，烘干后经焙烘，在干热（170℃～220℃）条件下纤维无定形区的分子链段运动加剧，形成较多较大的瞬时孔隙。同时染料颗粒升华形成单分子形式，动能增大而被纤维吸附，并能迅速向纤维内部扩散完成上染。

热熔染色法具有连续化生产，效率高，但染料利用率低，设备投入大，染品手感较粗糙，色泽鲜艳度一般，染料选用受到限制（E 型染料不适宜）等特点。

（三）载体染色法

载体染色法是指将涤纶置于含有载体的染液中，在常压高温下进行染色的一种染色方法。由于载体能增塑纤维，降低纤维的玻璃化温度（Tg），并能使涤纶分子链之间的引力减弱，使纤维形成较大的空隙，从而使染料易于进入纤维内部。作为载体必须与纤维分子有亲和力，也因为载体具有较强的吸湿能力，渗入纤维后引起纤维的膨润，使纤维的微隙增大。同时载体对染料的溶解能力增强，使染料在纤维表面的浓度增大，提高了纤维内外染料的浓度差，加速了染料的扩散。由于载体的加入，染色速率和染料吸附量都大大提高，在100℃以下也有较快的上染速度，可染得深浓色。

早期常见载体有水杨酸甲酯、邻苯基苯酚、苯甲酸、一氯苯、二氯苯等苯的衍生物。现在都使用一些新型环保载体。

载体染色法设备简单，染色条件低，但染色手续麻烦，成本高，最主要的是载体对染色牢度和色泽有影响，高温不易分解、挥发，其气体有毒，对人体有害，造成环境污染，因而目前很少使用。

三、分散染料对涤纶的染色工艺

（一）分散染料高温高压染色法（卷染）工艺

1. 工艺流程及主要条件

冷水进缸→温水（60～65℃，两道）→60℃起染色两道→1 道升温至 100℃→1 道升温至 110℃→1 道升温至 120℃→1 道升温至 130℃→130℃保温染色 6 道→冷水两道→还原清洗（38% NaOH 3mL/L、85% 保险粉 2.5g/L、表面活性剂 3g/L，70～80℃，两道）→水洗（40～50℃，1 道）→冷水洗→出缸

2. 工艺处方

分散染料	X
分散剂 NNO 或胰加漂 T（g/L）	0～0.5
冰醋酸（mL/L）	0.5
或磷酸二氢铵（g/L）	1～2（调 pH = 5～6）

3. 工艺说明　分散染料选择分子量较小的低温型染料为宜。分散剂起扩散、匀染作用，提高得色量。冰醋酸或磷酸二氢铵调节染浴的 pH = 5～6，因为 pH < 5，影响色光和上染率；pH > 6，染料分解，色光发暗，涤纶强力受损。

染色最适合温度为130℃,上染率高,色光鲜艳,匀染性好,浮色少,染料上染率差别小,起染温度应低于涤纶玻璃化温度,一般为60℃～70℃,升温不宜过快,否则匀染性差。

4.生产实例

产品:分散染料染涤纶(浅红色)

处方:

分散红 F3BS(owf)	2%
阴离子分散剂(g/L)	0.5～1
pH 值(醋酸)	5～6

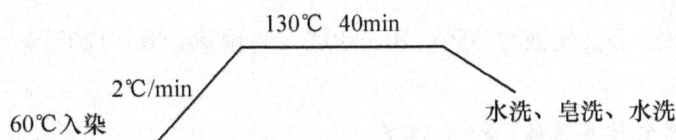

（二）分散染料热熔染色法工艺

1.工艺流程及主要条件

浸轧染液(二浸二轧,轧液率65%,20～40℃)→预烘(80～120℃)→热熔(180～210℃,1～2min)→后处理

2.工艺处方

分散染料	X
渗透剂 JFC(g/L)	1
磷酸二氢铵(g/L)	2
扩散剂 NNO(g/L)	1
抗泳移剂(固含量为3%的海藻酸钠糊,g/L)	5

3.工艺说明

(1)分散染料的用量根据色泽的浓淡而定,热熔拼色时所用染料的升华牢度要接近,使色光一致。

(2)染液中加入的抗泳移剂一般要求含固量要低,不妨碍染料向纤维内的扩散,受热不分解,对色光无影响且不粘滚筒,一般为固含量为3%的海藻酸钠糊。

(3)染液中加少量渗透剂,可改善色光鲜艳度和得色量;扩散剂可增加染液的稳定性。

(4)用磷酸二氢铵调节 pH 值在5～6之间,此时色光鲜艳,上染率高。pH 值过高或过低均会影响色泽的鲜艳度和上染率。

(5)轧槽宜小,以便染液更新;温度要低,染液稳定;轧液率宜小,以防烘干时染料泳移。

(6)预烘阶段宜采用红外线—热风—烘筒烘干方式,且温度应由低到高,以防止染料泳移。

(7)热熔染色宜选择耐热性好的染料,一般 S 型、SE 型为好。热熔温度:S 型为220℃;SE 型为190～210℃;E 型为180～190℃,热熔时间一般为1～2min。热熔时间与温度的关系一般为温度一定的情况下,时间过长,织物手感越硬,强力降低,浪费热能,染料升华影响色光;时间过短,染料扩散不充分,色泽浓度下降。

4. 生产实例

产品:涤/棉(65/35)22tex/22tex　378 根/10cm×343 根/10cm(淡蓝色)

处方:

分散蓝 BBLS(g/L)	1.5
浸湿剂 JFC(mL/L)	1
扩散剂(g/L)	1
海藻酸钠糊(固含量为 3%,g/L)	5

工艺流程及主条件:

浸轧染液(二浸二轧,轧液率 65%,20~40℃)→预烘(80~120℃)→热熔(190~210℃,1~2min)→后处理

(三)分散染料载体染色法(卷染)工艺

1. 工艺流程及主要条件

浸渍载体(60℃,两道)→浸渍载体(80℃,两道)→染色(加入染料和磷酸二氢钠,95~98℃,8~12 道)→冷水洗(2~4 道)→皂煮(4~6 道)→热水洗(80~90℃,2~4 道)→冷水洗(两道)

2. 工艺处方

分散染料	X
磷酸二氢铵(g/L)	1
载体(g/L)	3~4

3. 工艺说明　载体的用量要适当,用量增加,涤纶的玻璃化温度下降,上染量增加,但增加到一定程度后,上染量反而下降。所以有时将染物用一定浓度的载体溶液处理,可获得剥色效果。磷酸二氢铵使染液呈酸性(pH=4.5~5.5),有利于载体的作用。

4. 生产实例

产品:14.76tex/14.76tex,涤/棉(65/35)细布(600m),灰色

设备:高温卷染机

染浴处方:

4%环保载体乳液(L)	70
分散红 F3BS(g)	198
分散黄 E-3G(g)	220
分散蓝 BBLS(g)	185
磷酸二氢铵(g)	150
加水至(L)	150

操作:先将载体乳液倒入卷染机中,配好液量 120L,在 60℃时织物下卷,往复两道,然后升温至 80℃,再走两道。加入染料及磷酸二氢铵,调节液量为 150L,升温至 95~98℃,染 12 道。冷流水洗 4 道,皂煮 6 道,80~90℃热水洗 4 道,冷流水洗两道,出机。

四、分散染料对其他纤维的染色

(一)分散染料染锦纶

分散染料可以上染锦纶,匀染性较好,但染色湿处理牢度一般较差。分散染料上染聚酰胺纤维通常是按照能斯特(Nernst)分配关系,吸附等温线是一直线,吸附机理和聚酯纤维类似,不同之处是聚酰胺纤维结构松,吸湿性好,易膨化,玻璃化温度较低,所以染色温度较低,可以在100℃以下染色。分散染料上染聚酰胺纤维的速率较聚酯纤维快,特别是温度较低时更为明显。由于分散染料对聚酰胺纤维的亲和力比聚酯纤维低,所以升高温度后,聚酯纤维上的上染率必定会超过聚酰胺纤维,纯聚酰胺纤维用分散染料染色只能采用常压法,聚酰胺纤维—聚酯复合纤维用分散染料染色方法视聚酰胺含量而定,一般应采用高温高压法或载体染色法染色。只有当聚酰胺含量很高,颜色又不十分浓时才可用常压法染色。实际上此时采用酸性染料染色更为合适,除非匀染性达不到要求时才选用分散染料染色。染色工艺(卷染实例)为:

1. 工艺处方

分散染料	X
匀染剂 O(g)	100
渗透剂 JFC(g)	50
液量(L)	200

2. 工艺流程

50~60℃染4道→逐步升温两道(至98℃)→98℃染6道→80℃水洗两道→60℃水洗1道→冷水上卷

(二)分散染料染超细纤维

超细纤维通常具有显色性低、染色牢度低、提升性较高和上染速率快、染色不易均匀的特点。用分散染料染超细纤维具有较优的颜色强度、染色牢度、移染性和提升性。

1. 酸性浴染色工艺

染浴组成:

分散染料	X
高温匀染剂(owf)	1%~5%
润滑剂(owf)	1%
金属螯合剂(owf)	0.5%
醋酸钠(owf)	2%
醋酸	调 pH 值至4.5~5
浴比	1:(20~25)

起始温度为60℃,染浴中加入助剂并调节 pH 值,再加入已调匀的分散染料,运行10min,然后以0.5~1℃/min的升温速率升温至96℃左右,保温20min,再继续以0.5~1℃/min速率升温至130℃,淡色保温30min,浓色保温60min,染毕以1℃/min的速度降温至65℃,排残液,65℃热水洗10min,然后升温至70~80℃,加入烧碱3~4g/L,保险粉2~3g/L,净洗剂0.5g/L还原清洗,然后热水洗、冷水洗至无碱性,必要时醋酸中和。

2. 碱性浴染色工艺

染浴组成：

分散染料	X
分散剂（g/L）	1
染色碱（g/L）	2
pH 值	8 ~ 10
浴比	1 : (20 ~ 25)
染色温度（℃）	130
时间（min）	30

工艺说明：要选择耐碱性的分散染料，同一种分散染料碱性浴染色得色比酸性浴略淡。染色的 pH 值应维持在 8 ~ 10 之间，不可超过 11。作为碱性浴碱剂，还要兼顾如下作用：染色浴的 pH 值缓冲作用，能溶解低聚物以提高产品质量，螯合物效果兼顾染浴中的染料性能稳定等，染色碱一般选择有机碱剂。碱性染色的牢度略低于酸性染色，但碱性染色省略了还原清洗过程，无论从经济效益和社会效益方面，都是可取的一种染色工艺。

（三）分散染料染氨纶

氨纶学名聚氨酯弹性纤维，是一种嵌段共聚纤维，其中软段为聚酯，硬段为聚酰胺。因此具有涤纶和锦纶的特性。适用染料有酸性染料、中性染料、酸性媒染染料、分散染料。分散染料染氨纶上染容易，上染率较低，湿处理牢度较差。

氨纶目前多用酸性类染料染色，但涤氨、氨锦混纺织物多用分散染料染色。

五、分散染料染色产品质量控制

在分散染料染色过程中，经常会出现色差、色点以及由于泳移产生的色差、深边、浅边、白芯等一系列染色疵点，由于这些疵点给染色织物，尤其涤纶比例较大的织物的染色带来困难，了解疵病产生的原因及控制方法尤为重要。

（一）色花产生原因和控制方法

涤纶是热塑性纤维，在不同的温度条件下，分子热运动状态不同引起结构和性能的变化。当染浴的温度高于涤纶玻璃化温度（67℃）时，涤纶无定形区分子链段运动加剧，此时染料上染纤维，若升温速度控制不当，极易产生色花。所以在染浴温度小于涤纶玻璃化温度以下时，升温速率可略快些，而当温度高于70℃时应严格控制升温速率，缓缓升温至所需温度，对于超细纤维织物更应该严格控制温度。有时还需在某一温度段进行保温，以减少色花现象。降温时同样也需要缓缓降温，以减缓涤纶中无定形区分子的热运动。排液时也要将温度降至70℃以下再进冷水洗涤，否则也容易产生难以消除的折皱。所以严格控制升温速率是防止涤纶色花的关键；其次，染料的配伍性能不一致也容易引起色花，所以在涤纶染色时，筛选拼色的分散染料也是非常重要的；另外，缸内的容布量不当也容易引起色花，容布量太多，循环时间长，易产生色花。容布量太少，容易翻锅，造成色花；而且对于轻薄织物而言容易缠绕，易产生色花；操作不正确，化料不当，前、后处理不彻底也是引起色花的原因。

（二）色点产生的原因及控制方法

色点产生原因也很多，主要是化料不当和染料分散性不好引起高温凝聚以及前处理过程中浆料去除不尽造成的。分散染料中含有很多的分散剂，化料温度太高，超过60℃，就会产生染料凝聚，化料温度一般不宜超过50℃。化料时间不宜过长，否则也容易引起染料的凝聚；染料的分散性不好，在高温下也易造成凝聚。水洗不尽，布面存在的低聚物也是造成色点的一个因素。

（三）色差产生的原因及控制方法

色差主要在轧染过程中产生，尤其是涤棉混纺织物的染色，由于工艺流程长、染色过程复杂，各工序条件控制不当，极易造成色差。

（1）在前处理过程中，织物煮练后的毛效、白度、丝光的效果、定形程度和布面含碱量等指标如果不均匀一致都会在染色时反映出来。在前处理过程中，应严格控制各机台的工艺操作，确保半制品各项理化指标的均匀一致，是克服轧染色差的基础和前提。

（2）染料选用不当，在拼色染料的筛选时，应尽可能选择配伍性好的染料拼色，以免因配伍不良，色光难以控制而造成色差。

（3）轧染机轧染压力控制不当，一般分散染料对纤维无亲和力，初开车时染料浓度要增加10%，以防初开车造成头淡现象。加料槽加料要用淋喷管，避免单边加料造成左、中、右色差。使用均匀轧车，检查左、中、右轧液率，做好检查和维护保养工作。

（4）预焙烘控制不当，主要是急烘或两边烘燥不一时造成染料泳移，严格控制焙烘温度和时间，以保证温度均匀一致，一般温差控制在3~5℃以内，以防因温度高低不一产生的色差现象。另外涤纶织物在拉幅定形时，要经常检查风嘴，以免因风嘴风速不均匀而造成左、中、右色差。

（5）后处理不当，涤棉混纺织物经热熔染色后门幅要收缩很多，所以要经过高温拉幅。高温拉幅时要经常检查定形机的温度和风嘴，以免造成色光的变化和左、中、右色差。

（6）坯布选用不当，同一规格的坯布，但不同厂家，生产的纤维种类、质量仍然会有差异，所以即使在相同染色工艺条件下，加工所得色泽往往浓淡不一，这种情况最明显的特征是在织物的某匹缝头处，两边颜色明显不同。所以染同一颜色时，尽量选择同一厂家的坯布。

（四）分散染料的泳移现象

由于分散染料的疏水性，使它在水介质中能产生移动，这种现象称作泳移。泳移现象在有些情况是有利于染色，而在较多的情况下却容易造成染色不匀和牢度下降。泳移现象主要表现在三种情况：热熔轧染染色法的浸轧染液后的烘干过程、高温高压等的浸染染色过程中以及染后定形等热处理过程中。

轧染后的泳移容易导致色差、浓边、淡边、白芯等一系列染色疵病，这些疵点在固色前难以发现，因此很难避免。

分散染料的泳移现象是在水蒸发的区域发生的。染料对纤维的亲和力越小，泳移现象越明显；织物带液越多，泳移现象越严重。分散染料的泳移现象还与烘燥时空气流速有关，风速小于3m/s时，泳移较少，可通过调整风速减少泳移；分散染料的泳移运动随烘燥温度的升高而增加；

染料的泳移与烘燥的速度成正比,急速的烘燥会造成大量的泳移现象。另外,还与染料颗粒的细度、结晶形状、聚集趋势和分散剂的类型和数量有关。

为防止烘干过程中染料的泳移,通常在染液中加入防泳移剂,同时要求织物有良好的渗透性,浸轧均匀一致,轧液率要低,浸轧后注意烘燥速度要低,烘干温度也必须由高到低。

染后泳移是发生在高温后处理过程中(如热定形),由于助剂的影响,分散染料产生的一种热迁移现象。热迁移的原因是由于纤维外层的助剂在高温时对染料产生的溶解作用。分散染料的热迁移会导致色光的改变,在熨烫时易沾污其他织物,摩擦牢度降低,水洗及汗渍牢度、干洗和耐晒牢度的下降等。热迁移现象与升华牢度无直接关系。为防止热迁移现象,在染色前和染色中使用的助剂都必须洗除干净。在染色后处理及整理时,要精心选择将要留在织物上的化学品,如柔软剂、抗静电剂、防污剂等。只有对热迁移不造成影响的产品才可使用。使用树脂整理时,不仅要考虑分散染料的升华性还要考虑热迁移程度。

☞ 思考题

1. 分散染料化料时能不能用沸水? 为什么?
2. 高温高压染色法适合什么类型的分散染料染色? 为什么?
3. 设计分散染料染涤纶的染色工艺。

任务2　阳离子染料染色

阳离子染料是一种水溶性染料,在水溶液中电离,能生成色素阳离子,因而称作阳离子染料。阳离子染料是在碱性染料的基础上发展起来的,目前主要用于含酸性基团的聚丙烯腈纤维及其混纺织物和阳离子染料可染的改性涤纶、锦纶、丙纶等的染色,其色谱齐全、色泽浓艳、给色量高,耐晒牢度及耐洗牢度高,但匀染性较差。

一、阳离子染料的结构分类及性能

阳离子染料根据染料分子结构特点可分为共轭型阳离子染料、非共轭型阳离子染料、迁移型阳离子染料和分散型阳离子染料。

(一)共轭型阳离子染料(非定域阳离子染料)

染料分子中的阳离子基团在染料的母体结构中,并与染料发色体的共轭体系贯通,所带阳电荷分散在共轭体系中,但位置并不固定,所以又称作非定域阳离子染料。

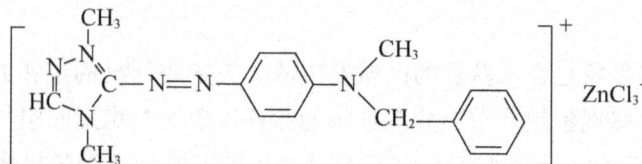

此类染料品种多、色泽鲜艳、得色量高,上染率、匀染性好,耐晒、耐热性能较好,是目前染腈纶的主要品种。

(二)非共轭型阳离子染料(定域型或隔离型)

染料分子中的阳离子基团与染料发色体的共轭体系不贯通,不参与共轭体系,由隔离基隔开。阳离子多为季铵离子,并固着在某一原子上,又称为定域型或隔离型阳离子染料。

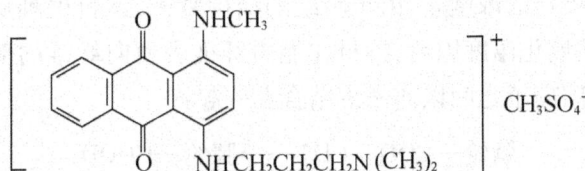

此类染料阳电荷集中,容易与纤维结合,上染率高、匀染性差,日晒牢度很好,耐热性能较好。

(三)迁移型阳离子染料

由于一般阳离子染料的阳离子基团较大,扩散速率小,亲和力高,在常规的染色温度和时间范围内染色时易造成染色不匀,所以常需延长升温时间或加入缓染剂。这种操作方法往往导致染色成本增加,染色条件不易控制,影响染色质量。近年来研究开发出了迁移型阳离子染料,初步解决了腈纶染色不匀的问题。

迁移型阳离子染料,阳离子基团小,亲和力低,扩散速率高,在沸染过程中有优良的迁移性,适用于腈纶膨体纱染色和腈纶织物匹染,染中色、淡色时匀染性极佳。染色温度从80℃升温到100℃需要的时间可从原来的45～90min缩短到10～25min,缓染剂的用量可从原来的2%～3%减少到0.1%～1.5%。不同的纤维可用同一染色方法。这类染料在名称后面标以"M"或"BM",如阳离子红 M－RL。

(四)分散型阳离子染料

为了降低阳离子染料的亲和力,提高其迁移性,同时解决腈纶混纺织物一浴法染色时阳离子染料与阴离子染料不相容的问题,将阳离子染料与芳香族磺酸盐形成复合体(即将阳离子染料的阴离子等量换成芳香族磺酸根阴离子,封闭了染料的阳离子基团,使阳离子染料的溶解度大大降低至几乎不溶的程度),经研磨成细粉或超细粉,便可得到分散型阳离子染料。

分散型阳离子染料在80℃以下呈非离子分散状态,对纤维的亲和力较低,但可以与分散染料一样吸附在纤维表面,并能均匀地吸附、扩散和渗透。当温度升高到80℃以上时,复合体缓慢解离,放出染料阳离子被纤维吸附,扩散进纤维,并与纤维上的酸性基团以离子键结合完成染色的过程。实际生产中不仅可以不用缓染剂上染纯腈纶,还能用于腈纶混纺织物的一浴法染色,并可用于阳离子染料可染的涤纶、锦纶。染色工艺简单,匀染性优良,耐热性优异,最终热定形后不易变色,重现性好。与其他染料同浴染色时,不会形成沉淀。国产的这类染料在名称后面标以"SD",如阳离子黄 SD－5GL。

二、阳离子染料的染色原理

腈纶中的主要品种是含酸性基团的纤维。由于酸性基团的存在和氰基的电子结构特征,染

色时腈纶上的酸性基团在染浴中电离,使纤维表面带负电荷:

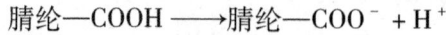

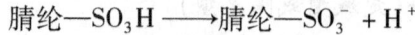

$$腈纶—COOH \longrightarrow 腈纶—COO^- + H^+$$
$$腈纶—SO_3H \longrightarrow 腈纶—SO_3^- + H^+$$

阳离子染料溶于水,在染浴中电离后带正电荷。染浴中带负电荷的腈纶与带正电的染料阳离子之间产生静电引力,使染浴中的染料阳离子向纤维表面迁移并吸附在纤维表面,从而在纤维表面和纤维内部形成染料的浓度差;由于腈纶的结构紧密,染料很难从纤维表面向纤维内部渗透,只有在温度超过玻璃化温度以后,染料才能由纤维表面向纤维内部扩散和渗透;最后,纤维上的酸性基团与染料阳离子之间以离子键结合在一起:

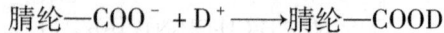

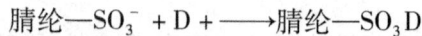

$$腈纶—COO^- + D^+ \longrightarrow 腈纶—COOD$$
$$腈纶—SO_3^- + D + \longrightarrow 腈纶—SO_3D$$

纤维与染料之间除了以离子键结合外,还以氢键和范德华力结合。与染料阳离子之间以离子键结合的酸性基团通常称作染座。染料在纤维内的扩散可以看成是由一个染座转移到另一个染座。染料在纤维上的吸附属于定位吸附(化学吸附)。纤维上酸性基团的强弱不同,对染料的吸附能力、染色速度及始染温度不同。染料在纤维上的上染情况如图6-1所示。

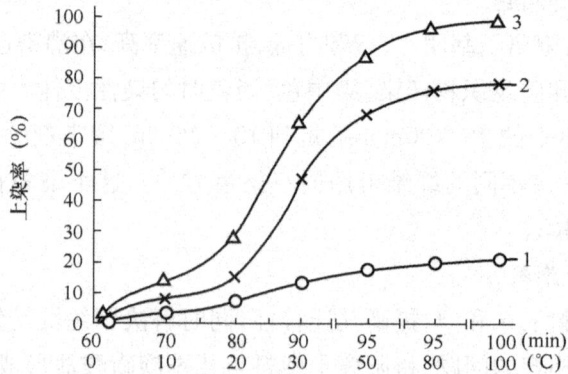

图6-1 不同类型的腈纶同浴染色时染料的上染情况

1—仅含弱酸性基团的腈纶 2—仅含强酸性基团的腈纶 3—两种纤维的综合上染

〔染浴配方:阳离子艳蓝(300%)0.5%,醋酸4.0%,醋酸钠1.0%〕

三、阳离子染料的染色性能

(一)溶解性

阳离子染料溶于水,更易溶于乙醇或醋酸。若水的温度升高或加入尿素,则染料的溶解度增加。溶解度良好的染料有利于匀染,并能提高色泽鲜艳度。

(二)配伍性(相容性)

配伍性是指两个或两个以上染料拼色时,上染速率相等,则随着染色时间的延长,色泽深浅(色调)始终保持不变的性能(只有浓淡变化)。

阳离子染料上染腈纶是与纤维上的酸性基团成离子键结合。由于酸性基团的数目是有限的,因而染色时会出现饱和现象。拼色时由于染料的上染速率不同会产生竞染现象。一种染料上染后会影响其他染料的上染速率和上染百分率。因此实际染色时要求所用染料是配伍的。即每只染料在时间 t 时上染纤维的染料量 M_r 与平衡时上染纤维的染料量 M_∞ 的比值相等,应满足下式:

$$\frac{M_{1r}}{M_{1\infty}} = \frac{M_{2r}}{M_{2\infty}} = \frac{M_{3r}}{M_{3\infty}} = \cdots\cdots$$

如果上式比值不相等,则这些染料不配伍(或不相容)。

配伍性能对于不同染料拼色非常重要。如果拼色染料不配伍,则被染物的色光会随染色时间的长短而改变。只有选择配伍的染料染色,才能获得均匀、正常的染色效果。配伍性能的大小可以用配伍值 K 来表示。它是阳离子染料的亲和力和扩散性能的综合效果。

两种或两种以上的染料拼染时,染料为争夺染座而发生竞染。亲和力大的染料争得的染座多,亲和力小的染料争得的染座少,争得染座少的染料,若扩散速度快,则单位时间内以染座为起点扩散到纤维内的染料量增多。反之争得染座多的染料,若扩散速度慢,则单位时间内以染座为起点扩散到纤维内的染料量较少。因此拼色时各染料的上染性能由阳离子染料的亲和力和扩散速度共同决定。

阳离子染料配伍值的测定:采用黄、蓝两组标准染料,每组染料由 5 只染料组成,其配伍值分别为 1、2、3、4、5,如表 6 - 2 所示。

表 6 - 2 标准染料名称及其 K 值

染料用量(owf,%)	黄色标准染料	配伍值
0.76	Astrazon RR	1.0
0.5	Cathilon GLH	2.0
0.3	Maxilon4 RL	3.0
0.76	Cathilon K - 3RLH	4.0
0.65	Synacril R	5.0
染料用量(owf,%)	蓝色标准染料	配伍值
0.55	Astrazon FRR	1.0
2.7	Astrazon5 GL	2.0
1.2	Astrazon3 RL	3.0
0.6	Cathilon K - 2GLH	4.0
2.4	Astrazon FGL	5.0

待测的阳离子染料样品选定一组标准染料,按规定分别配成五个拼色染浴。在相同条件下,各染浴用 6 份同重的纤维试样依次用前份纤维染后的残浴染色,在每一个染浴中都可得到一组染色系列试样,共有五组。如果在某一个配伍值的染浴中所得到的系列试样只有浓淡的变化而无色光变化,则被测染料的配伍值就是该标准染料的配伍值,如表 6 - 3 所示。

表6-3 标准染料与样品染料的配伍值

标准黄色染料的配伍值	1.0	2.0	3.0	4.0	5.0
蓝色待测染料拼后色光	较黄	稍黄	恰好	稍蓝	较蓝

则蓝色染料样品的配伍值应评定为3.0。

配伍值大的染料,亲和力低,上染速率慢,匀染性好。因此对于某些比较难染的淡色,如米色、豆沙、淡棕、驼色、灰色等可以选用配伍值均为5.0的一组染料相互拼染;配伍值小的染料,亲和力高,上染速率快,匀染性差,但得色量高,可用于染浓色或中浓色。

实际生产时单一染料染色,淡色选用 K 值大($K=5$)的染料比 K 值小($K=1\sim2$)的更易获得匀染;浓色选用 K 值小染料对上染有利。拼色时选用配伍值相同或相近的(各染料的配伍值之差不大于0.5)配成一组,使拼色染料上染速度一致,这样染液中各染料之间的比例关系始终如一,有利于生产上控制成品色光和分批染色的重现性(缩小色差)。如果这样仍解决不了某些难染色号的匀染问题,则可考虑选用迁移型阳离子染料。某些阳离子染料的配伍值如表6-4所示。

表6-4 某些阳离子染料的配伍值

染料名称	配伍值	染料名称	配伍值
阳离子金黄7GL	1.0	阳离子黄7GLL	2.5
阳离子黄RR	1.0	阳离子红BBL	2.5
阳离子橙R	1.0	阳离子紫红3R	2.5
阳离子橙3R	1.0	阳离子黄X-6G	3.0
阳离子橙FL	1.0	阳离子金黄GL	3.0
阳离子嫩黄7GL	1.5	阳离子橙FRL	3.0
阳离子深黄GL	1.5	阳离子红RL	3.0
阳离子橙G	1.5	阳离子棕G	4.0
阳离子红2GL	1.5	阳离子艳红RTL	4.0
阳离子深蓝R	1.5	阳离子桃红FG	4.0
阳离子黄GRL	2.0	阳离子黄R	5.0
阳离子蓝5GLA	2.0	阳离子黄5G	5.0
阳离子蓝TGL	2.0	阳离子蓝FGL	5.0
阳离子绿F3B	2.0	阳离子绿BH	5.0

(三)染色饱和值

1. 纤维的染色饱和值(S_f) 阳离子染料染色时,腈纶上的酸性基团与染料阳离子之间以离子键结合。由于第三单体酸性基团的含量是有限的,因此在不同的温度条件下,其结合也是有限的。纤维上所能吸附的染料最大值称为纤维的染色饱和值。

腈纶纤维的染色饱和值是指某腈纶用指定的标准染料(一般用相对分子质量为400的纯孔

雀绿)在 100℃,pH 值为 4.5 ± 0.2,浴比 1:100,回流染色 4h 或平衡上染百分率达到 95% 时,100g 腈纶上吸附的染料重量[(染料重/纤维重)×100%]。腈纶共聚组分不同,则纤维品种不同,纤维饱和值也就不同,但对某一特定的腈纶,其饱和值是一常数。

纤维的染色饱和值是评价腈纶可染性的重要参数之一。纤维饱和值越大,表示对染料的吸收量越大,使用时根据纤维的染色饱和值计算染料和助剂的最大用量;饱和值小的(1.2~1.7)纤维用于染浅淡色,饱和值大的(2.1~2.7)纤维用于染深浓色和黑色。

2. 染料的染色饱和值(S_D)　对于一定品种的腈纶其分子结构中酸性基团的含量是有限的,染色时当染料阳离子与腈纶上的酸性基团全部作用完后,纤维即失去染色反应能力。此时染浴中的染料浓度即使再增加,纤维上的染料浓度也不再相应增加,染浴中染料浓度与纤维上的染料含量关系曲线有一明显转折点,此转折点就是一定染料对一定纤维的染色饱和值。阳离子染料在腈纶上的吸附等温线符合朗格缪尔吸附等温线,如图 6-2 所示。

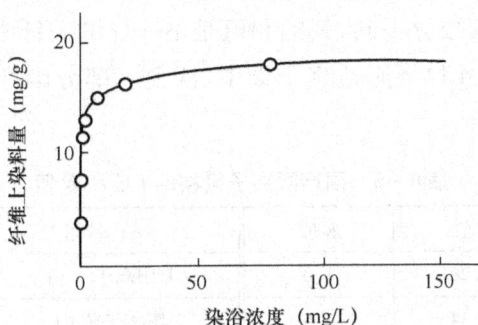

图 6-2　腈纶上染等温曲线

(浴比:1:60;温度:100℃;时间:8~12h)

不同的染料在同一纤维上的上染限度是不同的,它们有各自的染色饱和值(S_D)。

3. 染料的饱和系数(f)　纤维的染色饱和值(S_f)与某一染料的染色饱和值(S_D)的比值称为该染料的饱和系数 f,也称饱和因数或相对饱和值。

$$f = \frac{S_f}{S_D}$$

饱和系数 f 对某一阳离子染料是一常数,用它可以判断某阳离子染料上染腈纶的能力。f 值越小,染料上染量越高,越易染得浓色。根据染料的饱和系数和纤维的饱和值,通过公式可算出该染料在该纤维上的染色饱和值。单一染料染色时,该染料的饱和值即为染色处方中染料用量的上限。在实际生产中往往用几种染料拼色,所用各染料的量[D_i](包括阳离子助剂用量)与各自的饱和系数 f_i 的乘积之和不能超过腈纶的染色饱和值,用这样的配方进行染色是合理的,染料的利用率高,而且不产生浮色,否则染料上染不完全,不但会造成染料的浪费,而且易造成浮色,影响染色牢度。各染料和助剂之间的关系可用下式表示:

$$[D_1]f_1 + [D_2]f_2 + [D_3]f_3 + [D_4]f_4 + \cdots\cdots + [D_i]f_i \leqslant S_f \times D.C.$$

D.C. 为染色系数。D.C. 越高,染色速度越慢,易得到匀染。D.C. 若超过 100,则有染料残留在染浴中。其数值要综合生产实践经验、纤维和染料特性、染色设备、加工方式等因素而定。

例如：深咖啡色	染料用量（owf,%）		f 值
阳离子嫩黄 7GL(500%)	1.0	× 0.45 =	0.45
阳离子红 2GL(250%)	1.2	× 0.61 =	0.732
阳离子艳蓝 RL(500%)	0.21	× 0.38 =	0.08
醋酸	3.5		
醋酸钠	1.0		
元明粉	10		
阳离子匀染剂 TAN	0.8	× 0.58 =	0.464
	合计：		1.726

小于国产腈纶的饱和值常数（2.3），此方合理。实际生产时其上染率可达98.5%。

不同的腈纶由于其共聚成分不同，其饱和值是不一样的。纤维的饱和值在2.2以上的染浓色比较容易；饱和值在1.4以下则适宜于染中、淡色。部分国产阳离子染料的 f 值和 K 值见表6-5。

表6-5　国产阳离子染料的 f 值和 K 值

染料名称	f 值	K 值	染料名称	f 值	K 值
阳离子青莲 2RL	0.26	1.0	L 阳离子红 BL	0.35	3.0
阳离子黄 7GL	0.54	1.5	阳离子蓝 GL	0.37	3.0
阳离子深黄 GL	0.41	1.5	阳离子红 6B	0.41	3.5
阳离子红 2GL	0.45	1.5	阳离子红 X-3RL	0.25	3.5
阳离子青莲 3BL	0.47	1.5	阳离子黄 X-6G	0.55	3.5
阳离子艳蓝 RL	0.70	1.5	阳离子蓝 X-GRL	0.54	3.5
阳离子黄 2RL	0.25	2.0	阳离子翠蓝 GB	0.56	4.0

（四）匀染性

阳离子染料对腈纶的亲和力一般比较大，初染率较高，不少染料甚至在染浓色时，其上染率可达到97%～100%。但由于腈纶与其他合成纤维一样，结构紧密，染料扩散性能差，移染性差，因此常常有染色不匀现象。在腈纶的玻璃化温度以下染色时，染料的上染速率很慢；达到玻璃化温度以上时，由于纤维结构变得松弛，产生许多微隙，染色速率突然增加，大量的染料在较短的时间内迅速上染纤维，也会造成染色不匀。而高亲和力也使阳离子染料在腈纶上移染性差，扩散性能差，一旦出现染色不匀，很难在以后的染色过程中纠正，必须在染色时采取必要措施，减缓上染速度，以获得匀染效果。

阳离子染料染腈纶时的匀染性与染色时染料的浓度有很大的关系。染色浓度低时，更容易产生染色不匀，其原因是上染速率快，完成上染所需的时间短，如图6-3所示。因而初染率过高时对上染不匀影响较大。再者染色浓度低时，染液浓度局部不匀，也会造成染色不匀。

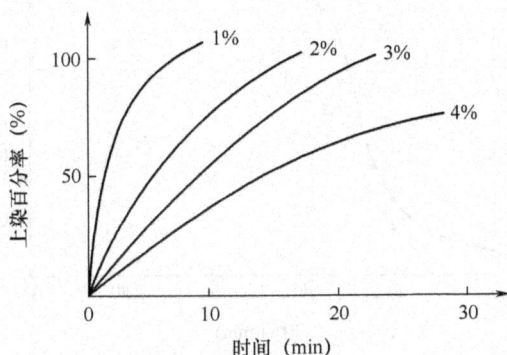

图6-3　染色浓度对上染速率的影响(阳离子红GL)

除染色浓度外,提高最后的染色温度,延长染色时间也有利于获得匀染。要获得均匀的染色,必须注意控制染色速率。控制染色速率的方法有温度控制、pH值控制和在染液中加入中性电解质、缓染剂等。

1.温度控制　腈纶染色最敏感(易上染突变)的温度在玻璃化温度附近,此范围内温度每升高1℃,上染速率都会增加很多,所以在玻璃化温度附近必须严格控制升温速率,染色温度与染色速率的关系如图6-4所示。具体控制方法有升温控制法、分段升温法和恒温染色法。

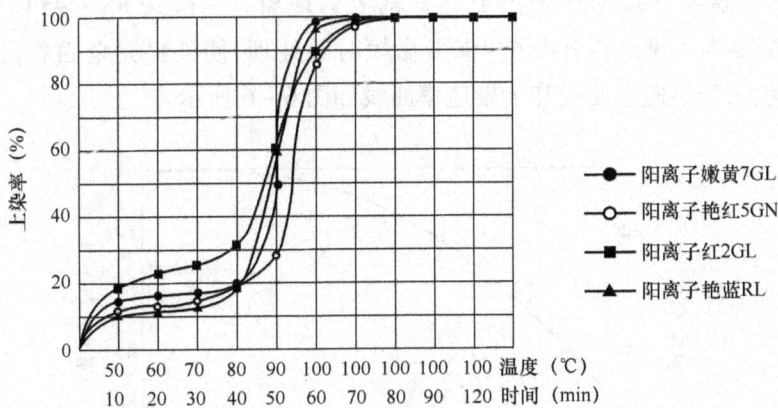

图6-4　染色温度与染色速率的关系

(1)缓慢升温法:在75℃以下时上染速率很慢,上染量很少,染料仅吸附在纤维的表面,此时可升温快些(1~3min升高1℃);当染色温度达到纤维的玻璃化温度(75~85℃)时,纤维大分子链段开始运动,纤维的物理结构变得松弛,产生许多微隙,纤维的自由体积增加,染料进入纤维内部比较容易,上染速率开始增加。但由于纤维结构的不均匀性和染液温度分布的不均匀性,会使染料在纤维上的吸附不均匀,从而导致染花,此时升温要缓慢(2~4min升高1℃);在90~100℃时,上染速率几乎呈直线上升,升温更慢(3~6min升高1℃),并在100℃时保温一段时间。缓慢升温法升温速率曲线和上染速率曲线如图6-5所示。

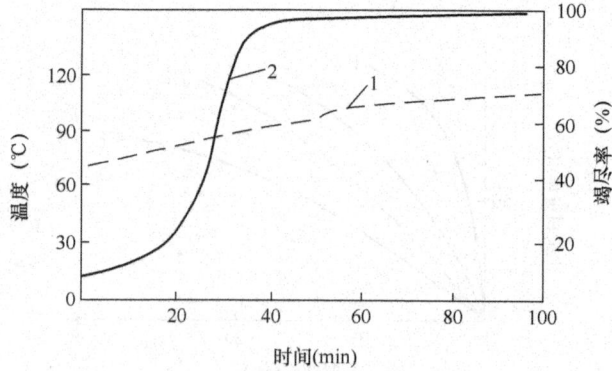

图 6-5　缓慢升温时 3% 莱克敏耐晒蓝的上染曲线

1—升温速率曲线　2—上染速率曲线

（2）分段升温法：在上述每个升温阶段之间，即上染速率变化较快的温度可以保温一段时间，再升温至 100℃ 染色，这样利于匀染。一般第一个保温温度选择在 85℃ 或 90℃，保温 10～15min；第二个保温温度可选择在 95℃ 或 97℃，此时上染最快，保温时间要长，一般 20～30min。保温时间的长短，可以从测定保温前后的上染率的变化来确定。如果保温后上染率增加很多，保温时间宜增加，反之可以缩短。如果保温后上染率没有增加，则这一保温温度可以取消，另找一个上染较快的温度保温。

（3）恒温染色法：此法是在玻璃化温度以上沸点以下选择一个适当的温度，作为固定的恒温染色温度，在此温度下腈纶在染浴中无急剧上染现象。一般选 85～95℃，恒温染色 45～90min，待大部分染料上染后再升温至 100℃ 做短时间处理，使染料完全固着，达到正常的染色牢度。恒温染色法升温速率曲线和上染速率曲线如图 6-6 所示。

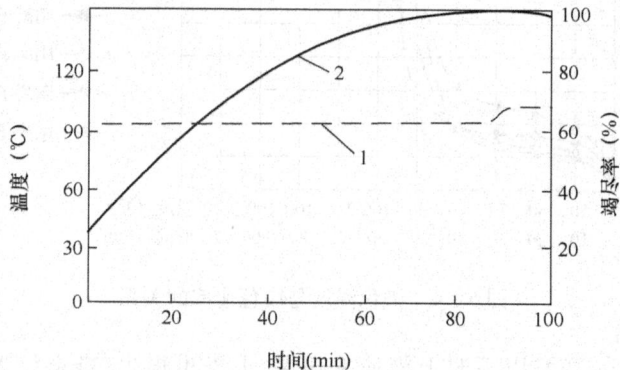

图 6-6　恒温染色时 3% 莱克敏耐晒蓝的上染曲线

1—升温速率曲线　2—上染速率曲线

生产实践证明，用阳离子染料染腈纶最高的适宜温度为 97～105℃，高温下的延续时间为 45～90min。在这样的温度和范围内染浅色温度可低，时间可短；染深色温度可提高，并延长染色时间。如果温度过高，会使腈纶产生过收缩，手感变硬，织物变形。另外，染后织物不宜骤然降温，否则影响成品的手感。

2. pH 值控制　染浴 pH 值会影响腈纶上酸性基团的离解,进而影响染料的上染百分率及上染速率,当 pH 值较低时,染浴中[H⁺]较大,抑制了染料分子和纤维上酸性基团的离解,减少了染液中游离的染料阳离子的浓度和纤维上阴离子基团的数量,上染速率下降,上染量减少,上染速率随染浴 pH 值的下降而变得缓慢,染色时加酸起缓染作用。

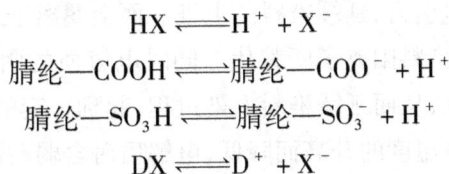

$$HX \rightleftharpoons H^+ + X^-$$
$$腈纶—COOH \rightleftharpoons 腈纶—COO^- + H^+$$
$$腈纶—SO_3H \rightleftharpoons 腈纶—SO_3^- + H^+$$
$$DX \rightleftharpoons D^+ + X^-$$

腈纶所含的酸性基团的类型及数量不一样,则对 pH 值的变化的敏感程度不同,仅含弱酸性基团(羧基)的腈纶对 pH 值变化的敏感程度较大,染色时所需酸量较少,而含强酸性基团(磺酸基)的腈纶受 pH 值的影响较小,所需酸量较多。图 6-7 为含不同酸性基团的腈纶染色速度与染浴 pH 值的关系。

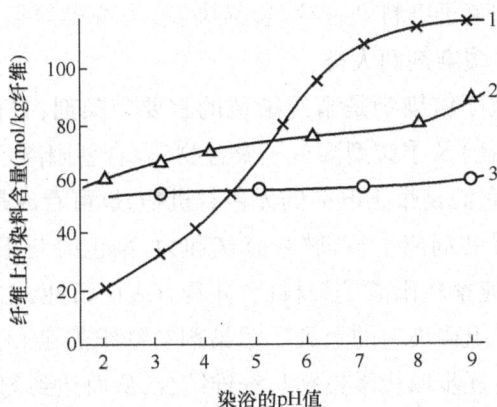

图 6-7　腈纶染色速度与染浴 pH 值的关系

1—考特尔(仅含弱酸性基团)　2—贝丝纶(含强酸性基团 0.070mol/kg 纤维,弱酸性基团 0.044mol/kg 纤维)

3—奥纶(含强酸性基团 0.046mol/kg 纤维,弱酸性基团 0.017mol/kg 纤维)

通常染淡色时用酸量要比染浓色时多,使 pH 值低些,可以获得较好的匀染,一般 pH 值控制在 3~4.5;染浓色时用酸量要少,使 pH 值高些,腈纶离解程度高,染浴中残留染料少,可以获得较高的上染百分率。如果染浴 pH 值过低,纤维中电离的酸性基团少,会引起上染百分率的降低,所以一般 pH 值控制在 4~5.5。pH 值过高(高于6),会引起染料的变色、沉淀和破坏。pH 值过低(小于2.5),染料会发生水解或结构改变,导致消色或变色。因此一般阳离子染料染色时染浴的 pH 值控制在 2.5~5.5 之间,以获得较好的色泽、色光和稳定性。

染色用酸一般是醋酸最好,因为醋酸除了具有要求的酸性外,还是阳离子染料的优良溶剂。染料用醋酸调浆,再以沸水或沸热的尿素水溶液冲稀,可以制备溶解度良好的染液。为了调节和稳定染浴的 pH 值,使用时可加醋酸钠组成缓冲液以维持染浴的 pH 值。用量一般为纤维的

$1\% \sim 3\%$。

3.中性电解质的应用 在染浴中加入食盐、硫酸钠、硫酸钾等中性电解质能缓和染料的上染,增加染料的迁移性,用量大时会降低染料的上染百分率。电解质在染浴中,可以电离出金属阳离子和酸根负离子。金属离子能与染料阳离子竞染,由于金属离子在染浴中和在纤维中的扩散性高于染料阳离子,因此移动速度快,优先被纤维吸附,占据染座,降低纤维表面的负电性,减弱染料阳离子与纤维间的静电引力,延缓染料的上染。而金属离子对纤维的亲和力小于染料阳离子,在染色过程中又逐渐被染料阳离子所替代。同时电解质的阴离子与染料阳离子结合,降低了染浴中染料阳离子的浓度,从而延缓染料上染过程,起到一定的匀染作用。

电解质的缓染作用随染色温度的升高而降低,电解质对含弱酸性基团的腈纶的缓染作用大于含强酸性基团的腈纶;电解质中金属离子的缓染作用与其离子体积的大小及其他物理性质有关。电解质的用量一般为$5\% \sim 15\%$,不能过多,特别是染浴中染料浓度高时,往往会使染料分子聚集甚至沉淀,降低得色量或形成色斑,有时还会造成浮色。因此电解质的用量,一般淡色可以多加,中浓色少加,浓色则可以不加;阳离子染料遇阴离子化学助剂会生成不溶性物质,在中性或碱性浴中煮沸会发生分解、变色等现象,需加以注意。

4.缓染剂的作用 用阳离子染料染腈纶,容易染花,为获得匀染要使用缓染剂。缓染剂主要分阳离子缓染剂和阴离子缓染剂两大类。

(1)阳离子缓染剂:阳离子缓染剂是腈纶染色的重要匀染剂,它包括具有阳离子基团的表面活性剂(普通阳离子缓染剂)及季铵型高分子聚合物(聚合型阳离子缓染剂)。

①普通阳离子缓染剂:它们是带正电荷的无色有机物,也可看成是无色的阳离子染料,在溶液中可电离成带正电荷的缓染剂离子,对腈纶有亲和力,染色时与阳离子染料产生竞染作用。由于其分子比染料小,扩散速率较阳离子染料快,并具有表面活性,比染料更容易渗透到纤维内部,降低纤维表面的负电性,阻碍染料的上染。缓染剂与纤维的亲和力小于染料与纤维的亲和力,当沸染时,染料阳离子会逐步取代缓染剂与纤维结合,从而达到匀染的目的。这种缓染剂大多是具有长链烷基的季铵盐或烷芳基的季铵盐化合物,在染浴中可以电离生成缓染剂阳离子。由于其占据染座,染色时,其用量要通过其饱和因子进行计算后才能确定,并要准确称量。目前常用的有表面活性剂1227(又称匀染剂 TAN),是烷芳基的季铵盐型的阳离子缓染剂,分子式如下:

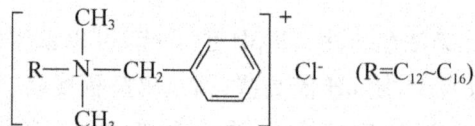

$$\left[R-\underset{\underset{CH_3}{|}}{\overset{\overset{CH_3}{|}}{N}}-CH_2-\underset{}{\bigcirc} \right]^{+} Cl^{-} \quad (R=C_{12}\sim C_{16})$$

此类阳离子助剂主要以缓染作用为主,兼有一定的移染作用。普通阳离子缓染剂是通过与阳离子染料竞染而起缓染作用的。缓染剂与染料之间也存在着配伍问题,若缓染剂分子量过大或过小都不能达到匀染的目的,使用时要进行筛选。

a.缓染作用:缓染剂阳离子和染料阳离子都含有阳离子基团,对纤维具有同样的作用,染色时缓染剂与染料产生竞染。由于其体积小,移动速度快,优先占据纤维表面的酸性基团,阻碍染料的上染,从而达到匀染的目的。普通阳离子缓染剂对腈纶的亲和力小于阳离子染料,在沸染过程中缓染剂所占据的染座能逐渐被染料的阳离子取代,直至染色完成。

b. 移染作用:有些阳离子表面活性剂如匀染剂 AN 在腈纶染色时主要起移染作用,即染色时能帮助染料从织物上上染量较高的部位迁移到上染量较少的部位从而达到匀染效果。此类助剂一般适用于亲和力较小的阳离子染料,可以修正染斑达到匀染。其用量一般为 1.5% ~ 5.0%,可使染色物上 30% ~50% 的染料转移至未染色的织物上去。超过此用量移染率不但不增加反而有剥色作用。

c. 扩散渗透和净洗作用:普通阳离子缓染剂在腈纶染色中具有扩散渗透和净洗作用。一些阳离子染料染色时,并不需要加入助剂延缓上染,也不会出现一般的色花现象,但有时会容易出现浮色性局部深斑。此时可加入匀染剂 TAN,利用其扩散渗透和净洗作用,解决深斑问题。

②聚合型阳离子缓染剂:聚合型阳离子缓染剂是季铵型高聚物,每一链节都有一个季铵基。此类缓染剂相对分子质量大、结构庞大,不易渗入纤维。染色时在纤维表面形成一个巨大的阳离子界面,使染料与纤维间的吸引力显著下降,从而导致上染速率明显降低,由于其不占据染座,使用时不用考虑其用量对纤维饱和值的影响,对各种配伍值的阳离子染料都能起缓染作用,如缓染剂 A。

(2)阴离子缓染剂:阴离子缓染剂大多是芳香烃磺酸盐,其作用机理与阳离子缓染剂不同。在染浴中阴离子缓染剂离解成带有阴电荷的离子,和染料阳离子结合形成溶解度很低的胶态络合物,降低了染浴中游离的染料阳离子的浓度,也降低了纤维吸附染料的速度,使上染速率下降。随着温度的升高,络合物逐渐分解,慢慢释放出染料阳离子,与纤维上的酸性基团结合,使染色速率逐渐加快,直至染色完成。此络合物在一定温度阶段类似分散染料,对纤维没有亲和力,也不能进入纤维,处于悬浮状态,在使用阴离子缓染剂的同时还要在染浴中加入非离子型的分散剂(如扩散剂 NNO)做抗沉淀剂,以保证络合物在染浴中呈良好的稳定分散状态。络合物的稳定性的大小直接影响缓染作用的效果。稳定性过低,缓染作用小,达不到匀染;稳定性过高,释放染料阳离子的速度太慢,上染速率过低,使用时缓染剂的用量不能过多,否则会引起剥色,影响染色残液吸净。

由于阴离子缓染剂的匀染机理是通过与阳离子染料形成络合物而达到的,因此在确定其用量时,与阳离子缓染剂相反。即淡色时染浴中染料量少,与之形成络合物所需的阴离子缓染剂相应的少了,可以少加;中、浓色时染浴中染料量多,与之形成络合物所需的阴离子缓染剂相应的多,要多加。

使用阴离子缓染剂后,阳离子染料可以和阴离子染料同浴染色,但由于阴离子缓染剂的染色品手感不如阳离子缓染剂柔软,用量大时影响最终的上染百分率;有些溶解性不好的染料,会造成浮色和浮色性色斑,所以一般较少使用。实际生产时,阴离子缓染剂可以在下列情况下使用:

①亲和力较大、匀染性较差的染料染单色时,如果阳离子缓染剂达不到要求,可以改用阴离子缓染剂。

②亲和力相差较大、相容性不好的几个染料拼色时,可以用阴离子缓染剂,以改进染料间的相容性,利于匀染。

四、阳离子染料的染色方法及其工艺

（一）染色方法

1. 决定染料被纤维吸收程度的因素

（1）已定因素：纤维型号（S 值和 V 值）、所用染料（K 值和 f 值）、染料浓度（染色浓度）。

（2）不定因素：温度、染浴 pH 值、电解质用量、缓染剂。不同型号的腈纶最适宜的染色温度如表 6-6 所示。

表 6-6　不同型号的腈纶最适宜的染色温度

S_f值	V 值	纤维型号	染色温度控制范围（℃）		
			淡色	中色	浓色
2.1	1.7	Dralon	72 ~ 84	84 ~ 92	92 ~ 98
2.1	3.6	Cashmilon F	66 ~ 78	78 ~ 86	86 ~ 94
2.1	6.4	Exlan DK	62 ~ 74	72 ~ 80	80 ~ 88

染色时间根据纤维型号和染色机械而定。染纱线或织物时一般需要 60 ~ 90min；染丝束、散纤维、毛条为 20 ~ 45min。当染浴中染料接近吸尽时，再将染液在 15 ~ 30min 内升温至 100℃ 固色 20 ~ 30min。若固色不充分，则在以后的汽蒸或干热处理时发生色变，影响摩擦牢度。

2. 染色方法　染色方法的确定取决于纤维形态、产品性质、染色的机械。在确保染色产品质量的前提下，要兼顾到经济效果、生产成本、节水、节汽等因素。

（1）不加缓染剂控制温度的染色法：不用缓染剂，仅靠适当延长升温时间来达到匀染的目的，染色时要严格控制温度。这种方法适宜于浴比较大的散纤维染色和绳状匹染以及毛腈混纺绒线的染色。随着温度的升高，染浴中的染料逐渐吸尽，利于毛腈混纺制品套染酸性染料和同浴施加阳离子柔软剂。染料可选用 M 型或亲和力中等的 X 型阳离子染料，设备应有温度自动控制程序。

（2）加缓染剂的染色法：利用阳离子缓染剂对腈纶上酸性基团的封闭作用，使纤维达到适当的染色饱和值，延缓纤维对染料的吸收，对上染快、移染性差的染料能达到匀染的效果。这种方法适用于各种腈纶制品。

（3）加缓染剂同时控制温度的染色法：根据纤维的型号，选择合适的缓染剂并控制温度，使染浴在 85 ~ 90℃ 或 90 ~ 95℃ 吸尽。此法对腈纶膨体纱的同时收缩和染色较为有利。

（4）阴离子助剂染色法：染浴中加适量的阴离子助剂，如扩散剂 N 和匀染剂 O，使染料的电离状态改变，暂时失去对纤维的电荷引力，或直接使用分散型阳离子染料。这种方法适宜于和酸性染料同浴对毛腈混纺制品染色，或与分散染料同浴对涤腈混纺制品染色。

（5）定温快速染色法：染浴中加阳离子缓染剂，腈纶于 90℃ 入染，染料的吸附和扩散在短时间内同时完成，生产周期缩短，理想的染色工艺是尽可能高的入染温度、较快的升温速度、最短的染色时间。若能严格控制工艺条件，就可保证染色效果。

在实际生产中，常用加缓染剂同时控制温度的染色法。

（二）染色工艺

根据染色的最高温度和对工艺过程中温度的控制方式不同，其染色工艺可分为控制升温沸

染法、恒温染色法、高温染色法和低温染色法等。

1. 控制升温沸染法工艺　控温法是最常用的染色方法。要求从始染温度到沸点,要严格按工艺要求控制升温速度。适用的设备有常压不连续浸染机,如散纤维、丝束、精梳条、筒子纱、绞纱染色机以及液流染色机、平幅无张力卷染机等。染色时腈纶散纤维、长丝束、精梳条的染色升温速度可以快些;膨体纱、筒子纱、经轴、织物的染色升温速度要慢些。

(1)普通染色工艺:染色始染温度接近于纤维的玻璃化温度(60~80℃)。投入各种助剂、染料及织物后,可缓慢升温,或在升温过程中选择某一温度保温一定时间再升温,或加入一定的缓染剂控制染色速度,最后升温至沸点,保持足够时间,完成染色。

例1:普通阳离子染料,阳离子缓染剂

处方:

阳离子染料	X
98%醋酸(owf)	2.5%
醋酸钠(owf)	1.0%
元明粉(owf)	8.0%
匀染剂 TAN(owf)	0.5%
浴比	1:40
始染温度(℃)	75

升温控制曲线:

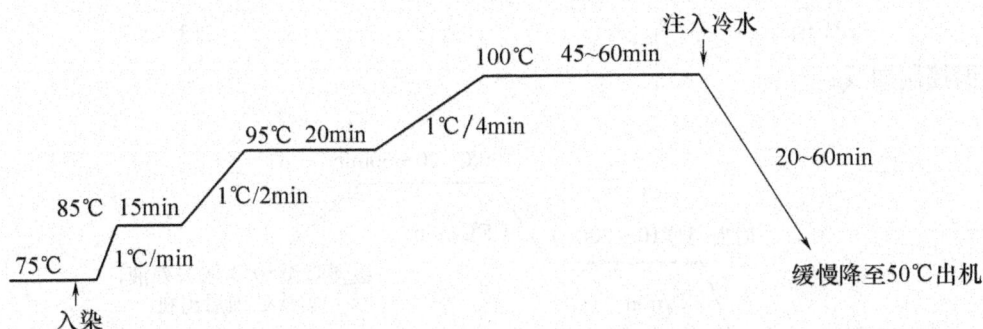

例2:迁移型阳离子染料

处方:

迁移型阳离子染料	X
98%醋酸(owf)	2.5%
醋酸钠(owf)	2.0%
元明粉(owf)	10.0%
匀染剂 MR(owf)	0.3%
浴比	1:40
始染温度(℃)	80
pH 值	4~4.5

升温控制曲线：

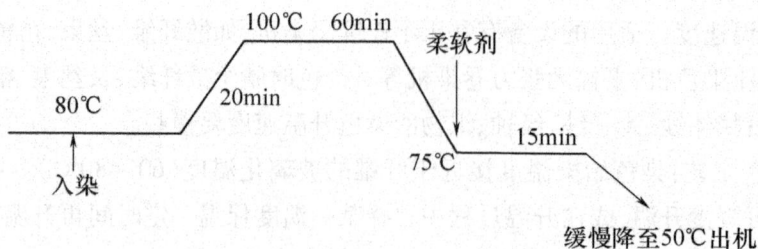

匀染剂不能用普通的缓染剂,如匀染剂 TAN、表面活性剂 1227 等,要用与迁移型阳离子染料配伍的阳离子缓染剂,否则容易染花。

例 3:分散型阳离子染料

处方:

分散型阳离子染料	X
98% 醋酸(owf)	2.5%
醋酸钠(owf)	1.0%
元明粉(owf)	10.0%
平平加 O(owf)	1.0%
浴比	1:(20 ~ 40)
始染温度(℃)	40
pH 值	3 ~ 5

升温控制曲线:

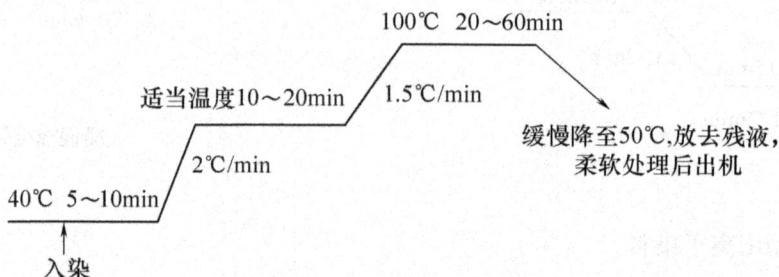

普通染色工艺保温的温度及沸染时间要根据染色要求来选择:一般淡色,60 ~ 80℃保温,100℃染 20 ~ 30min;中等色泽,75 ~ 85℃保温,100℃染 30 ~ 45min;浓色,可以不保温,控制升温至沸,沸染 45 ~ 60min。

(2)快速染色工艺:根据腈纶的上染性能、饱和值和染料的配伍值及染料的用量,合理计算出缓染剂的用量,使染料集中在沸点上染,从而提高始染温度,缩短染色时间。升温控制曲线:

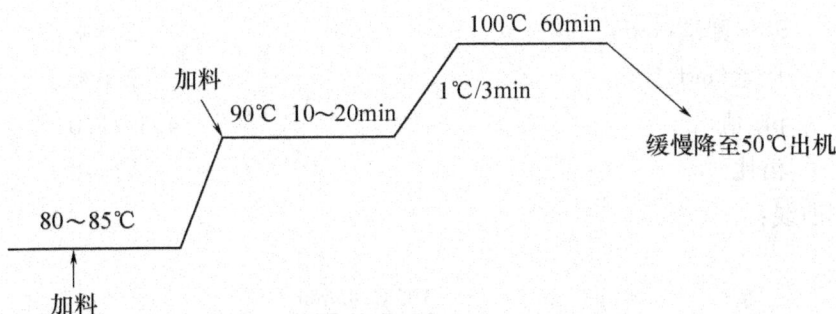

2. 恒温染色法工艺　由于控制升温法要准确地控制升温速度,才能获得好的产品。若升温速度控制不当,会造成染缸各部位温度不均一,影响染料的均匀上染,为弥补这一方法的缺陷,可采用恒温染色法。

恒温染色法是在玻璃化温度以上、沸点以下的温度范围内选择一个适宜的温度,作为固定的恒温染色温度,在此温度下染色 45～90min,使上染率达到 80% 以上,再快速升温至 100℃ 作短时间处理即可。此法上染均匀,不易染花,操作容易掌握,染色总时间比控温法染色缩短 20%～30%。

例:普通阳离子染料,阳离子缓染剂

处方:

阳离子染料	X
98% 醋酸(owf)	3.0%
醋酸钠(owf)	1.0%
匀染剂 TAN(owf)	0.8%
浴比	1:20
恒温温度(℃)	85

升温控制曲线:

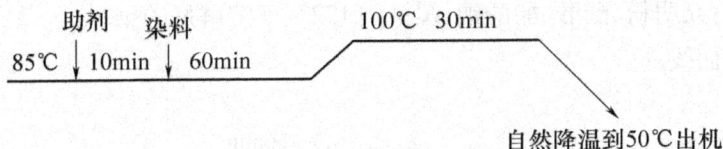

3. 高温染色法工艺　高温染色法是在加压的条件下,用超过 100℃ 的温度染色。它可以增加染料的迁移性和渗透性,基本上不存在环染问题,能缩短染色时间,提高染色牢度和得色量,并能解决夹花现象。实际染色时采用高温加压染色机,特别适宜于染浓色。

例:阳离子染料染黑色

处方:

阳离子嫩黄 7GL(owf)	1.4%
阳离子红 2GL(owf)	0.9%

阳离子艳蓝 RL(owf)	1.1%
98%醋酸(owf)	3.5%
尿素(owf)	2.0%
pH 值	4.5~5.0
浴比	1:40

升温控制曲线：

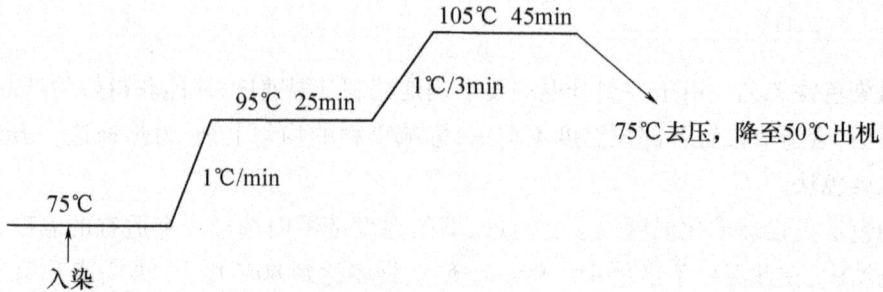

4. 低温染色法工艺　　低温染色是指腈纶染色的最高温度不超过90℃。可选用二级转变温度以下(60~80℃)染色,此温度下,需加入膨化剂。

(三)生产实例

1. 散纤维、长丝束、毛条(腈纶正规条)的染色

(1)处方：

阳离子染料	X
98%醋酸(owf)	2%~3%
醋酸钠(owf)	1.0%
元明粉(owf)	0~10.0%
缓染剂 1227(owf)	0~2%(最浓色可不加)
浴比	1:(20~30)

(2)加料顺序:元明粉、醋酸、醋酸钠、缓染剂 1227、已溶解好的染料。

(3)升温控制曲线：

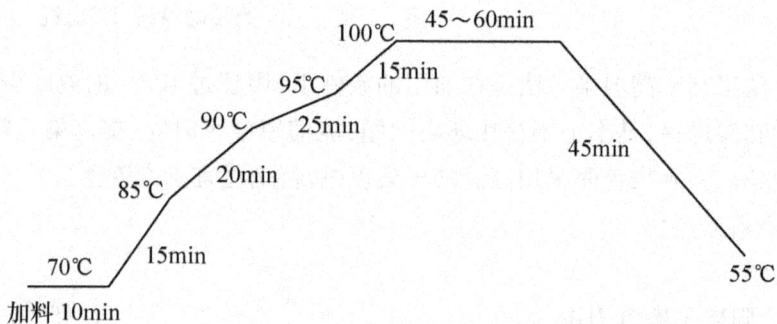

玻璃化温度以下,升温速度可快些;接近玻璃化温度时,升温速度开始缓慢,升温速度由纤维的性能和上染速率决定。升温工艺按小样试验结果制定。染色完毕,以1℃/min降至55℃,柔软处理30min,出机。

柔软处理:0.5%~3%的柔软剂VS中缓缓滴入冷软水,搅拌、稀释至30倍溶液。过滤至55℃染液,循环处理30min,出机。

2.腈纶绒线、膨体针织绒的染色

(1)处方:

阳离子染料	X
98%醋酸(owf)	2%~3%
醋酸钠(owf)	1.0%
元明粉(owf)	5%~10.0%
缓染剂1227(owf)	0~2%(最浓色可不加)
分散剂IW(owf)	0~1.5%
浴比	1:(40~50)

(2)加料顺序:元明粉、醋酸、醋酸钠、缓染剂1227、已溶解好的染料。

(3)升温控制曲线:

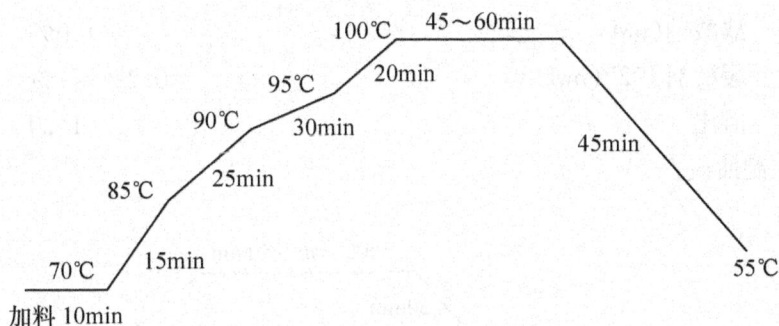

(4)注意事项:

①腈纶绒线,染色前须经汽蒸膨化,然后染色。

②升温速度和保温时间据纤维品种和染色深度而定。淡色,升温速度慢,保温时间短;浓色,升温速度快,保温时间延长。

③染色后需经柔软处理。

④染黑色时,不加缓染剂或分散剂。

3.腈纶绒毯染色

(1)处方:

阳离子染料	X
98%醋酸(owf)	2%
醋酸钠(owf)	1.0%

元明粉(owf)	10.0%
分散剂 WA(owf)	0.5%
抗静电剂(owf)	1.0%
浴比	1:(40~50)

（2）升温控制曲线：

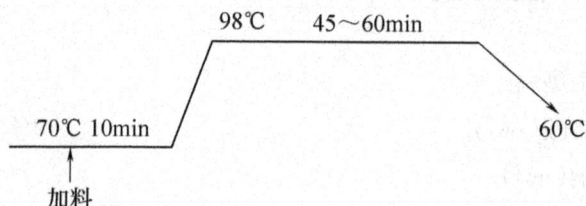

染料用醋酸打浆，沸水溶解。加清水至规定量，70℃入染，开车走匀，控制1℃/3min的速率升温至98℃，保温染60min，再以1℃/min降温至60℃，清洗。

4. 腈纶针织物染色　腈纶针织物大多采用绳状浸染。

（1）处方：

阳离子染料	X
98%醋酸(owf)	1%~3%
醋酸钠(owf)	1.0%
缓染剂1227(owf)	0.2%~1%
浴比	1:20

（2）升温控制曲线：

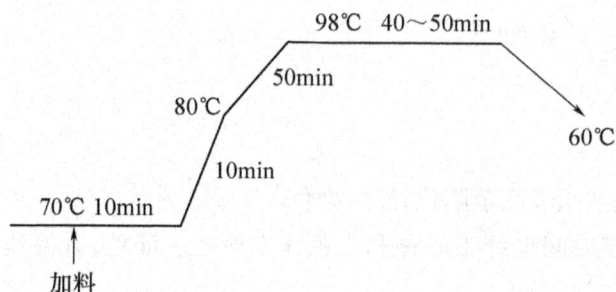

（3）操作过程：染料用醋酸调匀，沸水溶解，稀释后加入染浴，再加缓染剂1227，控制染浴pH值在4~5。70℃入染，按工艺条件逐渐升温，染毕以1℃/min降温至60℃，放残液，清洗。需要时再经柔软剂处理。

5. 腈纶长丝束、腈纶条、腈纶混纺织物染色　腈纶正规条和长丝束通常采用汽蒸轧染。染色时需加促染剂，如碳酸乙烯酯、碳酸丙烯酯、腈乙基胺类等。染料选用溶解性好、K值小、上色快、给色量高的品种。为防止染料的泳移需在浸轧液中加少量抗泳移剂，如非离子型糊料。工艺流程为：

浸轧染液→烘干→汽蒸(100~103℃,10~45min)→水洗→皂洗→水洗→烘干

120℃高温汽蒸时,时间可缩短至8min,并省去促染剂,改为一般渗透剂。

腈纶混纺织物通常采用热熔轧染法。染色时需加促染剂,如碳酸乙烯酯、尿素等。热熔温度190~200℃,时间1~2min。

五、阳离子染料染色质量控制

(一)染疵产生的原因、防止和处理方法

1. 色花 造成色花的原因主要有染料的相容性不好、温度控制不当(如升温迅速或不均匀)、助剂用量不当(如酸剂、缓染剂)、车速或泵速不当。

2. 色斑 形成原因主要有染料溶解不良、配方不合理以及染色机械不清洁等。

(1)染料溶解时用与染料等量的醋酸充分打浆,然后用沸水溶解(必要时加尿素助溶),过筛入染缸,有些难溶的染料可提前30~60min化料。

(2)若染料的上染速率不快,一般可以不加阳离子缓染剂,但若在生产过程中时而出现色斑,则可加入少量[0.3%~0.5%(owf)]的阳离子缓染匀染剂或非离子净洗剂。利用它的渗透、扩散和净洗作用,防止色斑的产生。

(3)染缸的清洁可用保险粉2g/L、纯碱1g/L、净洗剂LS 1g/L煮沸处理3~4h,放液,更换清水,用少量硫酸中和。如仍不干净,则可再用阳离子助剂2g/L煮沸2~3h。特别污染的设备,可以偶尔用亚氯酸钠或次氯酸钠2g/L于pH=3~4的条件下煮沸清洗。

3. 磨白 磨白的疵点主要发生在条染和散纤维染色的色纺织物。造成的原因主要是染色不透,由于腈纶不耐摩擦,在织造和整理过程中,局部过分摩擦,便出现磨白的疵点。

解决的方法是减少缓染剂和醋酸的用量,延长沸染时间,最好采用105℃的高温染色,从根本上消除环染现象。此外,有些磨白疵点并非环染现象造成的,而是纱线在织造过程中局部受磨后产生较强的反光现象。这样的问题应加强纱线在织造前的柔软处理,以减少织造过程中纱线的摩擦。

4. 膨体纱的捻度转移 腈纶膨体纱的染色很容易出现纱线的捻度转移,造成大量段松紧的疵纱。这是因为液流过快和不均匀;纱线在染缸中分布不匀,过稀的部位液流冲击大;染缸的间接汽管漏气,气流在液下冲击纱线;沸染阶段大开锅;液位太低等。

解决的方法是在不造成色花的前提下,尽量降低流速;染液冲击大的部位可用布包覆,保护纱线;装线要分布均匀;染前要检查间接汽管是否漏气;沸染时要特别注意防止大开锅,最好都采用加压染色,即使不超过100℃的染色工艺,加压也有好处,可使染液稳定,从根本上解决染液在沸点时的翻腾现象;液位要适当高一些,纱线之上最好能保持20~30cm厚的水层,对于密闭的高温染色机,可采用使染液完全充满的方法,这样可减轻纱线受液流的冲击。用丙纶纱取代捻度转移的位置,效果显著。丙纶纱可重复使用。

5. 织物的变形和纬斜 主要是织物的张力过大而又不均匀,特别是稀薄织物或疏松织物更加突出。染色时染整设备要调整好,注意防止染浴温度高于玻璃化温度时张力过大和不均匀。腈纶织物染色一般用液流染色机较好。

6. 手感不良　主要原因是染色助剂选择不当,几乎所有非离子和阴离子助剂用于腈纶染色,染后腈纶手感都较差,而以烷基季铵盐的阳离子助剂染后手感较好。由于助剂的原因造成的手感不良,可以经过水洗,再用阳离子柔软剂处理解决。造成手感不良的另一个原因是染后降温太快。一般来说玻璃化温度以上的区域,降温要慢,最好用间接冷水降温,从105℃降温至75℃,用20～30min,降温至75℃后,可改用直接冷水溢流快速降温至50℃出机。要避免从高温的染浴中取出染物,因为不但手感硬而且产品会严重变形。

由于降温太快而造成的手感不良,可回到高温的水浴中,处理10～15min后,再缓慢降温,以恢复手感。

(二)染色产品质量控制

为了保证阳离子染料染色产品有较好的质量,加工时除了选择合适的染色方法外,还要注意一些与染色有关的事项。

1. 水质

(1)钙、镁离子:水中的钙、镁、铁等离子带正电荷,能被腈纶吸附并与纤维中的阴离子酸性基团结合,从而与染料竞染,影响染料的上染率和色泽鲜艳度。水的硬度高,往往会造成染花;特别是染极淡色,很容易产生黄斑和色斑等疵病,因此生产上一般使用软水。同时还要注意水中的总碱度和氯含量不宜过高。

(2)游离氯:某些阳离子染料遇到水中游离氯,会产生变色、褪色、沉淀、破坏。为了避免水中游离氯对染料的破坏和对染色的影响,在加入染料前可先加入少量除氯剂,如硫代硫酸钠或亚硫酸氢钠,用量为0.01g/L;或加热即染色前,先将染浴中水加热至90℃(此时游离氯基本挥发殆尽),然后停止升温(关汽),开车循环,让其降温至85℃左右,再将准备好的染化料加入,循环10min,这时染浴温度进一步自然下降,实际温度仅有80℃,加被染物循环10min,按工艺程序升温、保温、后处理,降温出机。染得的腈纶色光鲜艳、质量稳定。

2. 染色工艺

(1)染料的溶解:染料溶解时,先用半量的醋酸将其调成浆状,再加40～50倍的沸水使其溶解,有些阳离子染料溶解度比较小,可以加入与染料同量的醋酸,充分搅匀后,加入于染料10倍量的沸水搅拌至染料完全溶解。

(2)染浴的pH值:阳离子染料碱性条件下不稳定,所以染浴中加入醋酸、醋酸钠作为缓冲剂,调节和稳定染浴的pH值。pH值一般控制在4～4.5。

(3)染色浴比:染色时的浴比对上染率和得色量有一定的影响。浴比大,上染慢,得色淡,反之亦然。浸染浴比一般为1:(20～60)。实际生产时根据腈纶染色的形式来确定。如散毛、毛条染色浴比可小些,为1:(20～30);腈纶膨体纱染色,浴比要大些,一般在1:50左右,否则容易造成色花、色斑。

(4)染色温度:腈纶染色时,其最高染色温度,一般控制在97～100℃。超过100℃的高温染色,可有效缩短染色时间、提高得色量、增加染液的渗透性、迁移性和提高染色牢度。

腈纶适宜的最高染色温度和在高温下染色的延续时间,应综合考虑纤维的结构类型和所用的染料的阳离子量、亲和力大小以及具体的染色浓度等。

：主要指达到最高染色温度的延续时间。生产实践表明,腈纶用阳离子染料染色,最高温度宜在 97~105℃,时间应保持在 45~90min,在这样的温度和时间范围内,一般染浅色,温度可以低些,时间可以短些;染深色则应相应提高温度并适当延长时间,高温染色则可缩短为 20~45min。

3. 染色牢度　腈纶用阳离子染料染色,影响染色牢度的因素有很多,主要有以下几个方面:

(1)腈纶的品种:不同品种的腈纶,对同一染料或配方的染色牢度可能出现大的差别,实际生产中对不同批次、不同品种的纤维,要先经小样染色试验后方可大样生产。

(2)染料和拼色配方:合理选择染料可以在很大程度上解决因纤维因素造成的染色牢度问题。一般隔离型的染料比共轭型的染料日晒牢度好。

(3)染色工艺条件:

①染色温度:染色温度高,染料的透染性好,牢度高。一般浸染染色的最高温度控制在98~100℃,如果采用105℃高温染色,则各项染色牢度均能提高 0.5~1 级。对于浸轧汽蒸连续染色,汽蒸固色的温度在 105~115℃最好。

②染色时间:主要指达到最高染色温度的延续时间。一般在沸点(100℃)染色,沸染时间根据染色浓度不同应保持在 45~90min;高温染色则可缩短为 20~45min。染色时间太短,容易造成环染,穿着后易造成磨白。

③染浴 pH 值:染浴 pH 值对染色牢度的影响与纤维类型、染料及染色浓度有关。仅含弱酸性基团的纤维,用亲和力小的染料染浓色,如果染浴酸性过强,会导致湿处理牢度和摩擦牢度下降。

④染色助剂:缓染剂的用量过多,会降低湿处理牢度和摩擦牢度,一般弱酸性基团的纤维影响较大,强酸性基团的纤维影响较小;亲和力小的染料影响较大,亲和力大的染料影响较小;染浓色影响较大,染淡色影响较小。

⑤染色浓度:随着染色浓度增加,日晒牢度增加,湿处理牢度和摩擦牢度下降。

思考题

1.下列情况下,将会出现什么结果,为什么?

(1)阳离子染料与活性染料同浴对腈纶染色。

(2)阳离子染料直接与分散染料同浴染涤腈混纺织物。

(3)阳离子染料染腈纶的染浴中加平平加 O 后再加少量扩散剂 NNO。

(4)腈纶直接投入沸腾的阳离子染料染浴中染色。

2.阳离子染料对腈纶染色中,何谓腈纶的染色饱和值? 配伍值如何测定? 饱和值和配伍值对实际生产具有哪些指导意义?

3.阳离子染料染腈纶时,染浴中加电解质和缓染剂1227都可产生匀染作用,其作用原理有何不同?

4.已知腈纶的染色饱和值为2.3,用阳离子红 X-GRL 及阳离子黄 X-6G 对该纤维进行染色。已知所用染料量分别为 2.8%(owf)及 2.4%(owf),这两种染料的饱和系数分别为 0.35 和 0.66,问染料的用量是否合理?

项目七 混纺纤维制品染色

纤维类型不同,纺织品的性能也不同。每种纤维类型的纺织品具有优点的同时也具有缺点,因此现在的纺织品常常都是混纺或交织的织物。混纺织物指构成织物的原料采用两种或两种以上不同种类的纤维,经混纺而成纱线所制成,常见的有涤黏、涤腈、涤棉等混纺织物。交织织物是指构成织物经、纬向的原料分别采用不同类别的纤维纱线交织而成的织物,如蚕丝和人造丝交织的古香缎,尼龙和人造棉交织的尼富纺等。

当混纺织物是由染色性能相似的纤维组成的,可选用相同类型的染料染两种纤维,获得同色。若混纺织物是由染色性能相差较大的两种纤维组成的,可选用不同类型的染料分别上染两种纤维,产生同色或双色。此时的染色方法有一浴法、一浴两步法和二浴法等。也可只用一种类型的染料染其中一种纤维获得淡色效果。

任务1 混纺织物染料染色

一、涤棉混纺织物染色

涤棉混纺织物的染色需要兼顾两种纤维。由于涤纶和棉纤维的染色性能相差很大,涤纶和棉往往用不同的染料染色,最常用的是分散染料染涤纶,用牢度好的棉用染料染棉。两种染料的相容性问题是矛盾的统一体。凡是相容性较好的可同浴甚至同步染色;相容性较差的只能分浴或分步进行染色。选用两种染料染色时,要注意减少相互沾色,加强后处理,有时还需要还原清洗,剥除浮色。分散染料在涤纶上的皂洗牢度、摩擦牢度均较好,故主要考虑棉用染料的染色牢度要好。

涤棉混纺织物的染色工艺一般有单一染料一浴法染色、两种染料一浴法分别染两种纤维、两种染料两浴法分别染两种纤维。

(一)单一染料一浴法染色

1.聚酯士林染料染色 聚酯士林染料是经过慎重选择的分子较小的还原染料。因为分散染料中有相当一部分是蒽醌染料,经烧碱、保险粉还原溶解即为还原染料。聚酯士林染料未经还原时对棉纤维无亲和力,相当于分散染料一样对涤纶进行染色,然后再经还原使棉纤维染色,染色工艺流程为:

浸轧染液→烘干→热熔→还原汽蒸→水洗→氧化→皂洗→后处理

工艺说明:浸轧染液,染料的直径在 $2.0 \sim 7.5 \mu m$ 之间,直径太小将降低在棉上的着色效果,原因是直径太小,热熔时染料基本都上染到涤纶上,而棉纤维上得色淡。一般来说浸轧时染料基本都在棉纤维上,热熔时转移到涤纶上。棉纤维上的染料经还原汽蒸上染棉纤维,再经氧化固着在棉纤维上。

2. 可溶性还原染料染色　可溶性还原染料染色同棉,因染料对涤纶无亲和力,由还原染料隐色体的硫酸酯钠盐上染棉纤维后,经水解氧化后只是被吸附在涤纶表面,经高温热熔处理后,染料才进入涤纶内部,这种方法得色较淡。染色工艺流程为:

卷染(轧染)→烘干→氧化→焙烘

(二)两种染料一浴法染色

两种染料和助剂放在同一染浴中,染后分别处理,使两种纤维分别着色。

1. 分散—活性染料一浴法　分散、活性两种染料同浴染色,应减少干扰。要求分散染料为升华牢度高,对碱不敏感的种类,分散染料热熔温度应控制在低限;活性染料要求能耐高温,活性染料的固色碱剂一般要选择碱性较弱的小苏打,并严格控制其用量,汽蒸时小苏打分解成碳酸钠,使碱性提高,促使活性染料固色。工艺流程为:

浸轧染液→预烘→烘干→热熔→汽蒸→水洗→皂洗→水洗→烘干

工艺处方:

分散染料	X
活性染料	Y
尿素(g/L)	10
小苏打(g/L)	30
海藻酸钠糊(固含量为5%,g/L)	30～40
渗透剂 JFC(mL/L)	0.5～1

工艺说明:应选择升华牢度高,对碱不敏感的分散染料。活性染料选择 K 型,能耐较高温度,也可选用在弱酸性条件下固色的含磷酸酯基的活性染料。尿素起吸湿膨化作用。小苏打为活性染料固色剂,高温下分解成碱性较强的碳酸钠,海藻酸钠糊为抗泳移剂。

2. 分散—还原染料一浴法染色　织物浸轧分散—还原染料溶液后,按分散染料、还原染料不同的工艺要求分别进行处理完成两种染料的染色。工艺流程为:

浸轧染液→预烘→热熔→浸轧还原剂→汽蒸→水洗→氧化→皂洗→水洗→烘干

工艺处方:

分散染料	X
还原染料	Y
海藻酸钠糊(固含量为5%,g/L)	10
非离子表面活性剂(g/L)	1～2

工艺说明:染料颗粒要求粒径在 $2\mu m$ 以下,由于分散染料和还原染料中已含大量分散剂,所以在染浴中可不再加。还原染料要选择对涤纶沾色少的。热熔温度要略高,有利于棉上的分散染料向涤纶转移。还原浴中烧碱和保险粉浓度略高,这不仅能使还原染料充分还原溶解,同时还可以还原清洗沾在涤纶上的还原染料和沾在棉上的分散染料。

3. 生产实例　分散—还原染料一浴法轧染

坯布规格:14tex×2/28tex 精梳　133 根/10cm×70 根/10cm　65/35 涤棉混纺织物

颜色:蓝色

轧染液处方:

分散蓝 BBLS(g/L)	29
50%还原蓝 VB(g/L)	19
渗透剂 JFC(ml/L)	3
5%合成龙胶(g/L)	20

还原液处方:

烧碱[30%(36°Bé),ml/L]	40~60
保险粉(g/L)	18~30
还原染液(ml/L)	20~50

氧化液:

30%双氧水(g/L)	0.6~1

皂洗液:

肥皂(g/L)	4
纯碱(g/L)	2

工艺流程:

浸轧染液(二浸二轧,轧液率 65%,20~40℃)→预烘(红外线或热风烘燥,80~100℃)→热熔(180~210℃,1~2min)→浸轧还原剂(轧液率 70%~80%,室温)→汽蒸(100~105℃,1min)→水洗(室温,1~2 格)→氧化(室温,1~2 格)→皂洗(95℃以上,2 格)→水洗(60-80℃,1~2 格;室温,1~2 格)→烘干(烘筒烘干)

(三)两种染料二浴法染色

二浴法染色是先用分散染料染涤纶,后用棉用染料染棉,分浴进行,染色具体工艺分别同分散染料染色和棉用染料染色,二浴法染色工艺繁复,但色光易控制,随着清洁化生产和环保的要求,此工艺已逐渐被一浴法所取代。

二、羊毛混纺织物染色

羊毛等纤维常与黏胶纤维、腈纶、涤纶、锦纶等纤维组成混纺织物或交织物,其中有些织物中的不同纤维具有相似的染色性能(如丝毛、毛锦等混纺织物),也有些织物中的几种纤维的染色性能相差较大(如毛黏、毛腈、毛涤等混纺织物)。

(一)毛黏混纺织物的染色

对毛黏混纺织物可选择某些品种的直接染料染两种纤维,也可以选用适当的直接染料和酸性染料或中性染料同浴染色,分别染黏胶纤维和羊毛。

直接染料与中性染色的酸性染料相似,对羊毛和黏胶纤维两种纤维都具有上染能力,且色调、上染率、饱和值、牢度等均相接近,可以和纯纺织物一样进行染色。有些直接染料在两种纤维的上染稍有差异,可调节染液 pH 值,pH 值接近中性时,对黏胶纤维的上染量增加,当 pH 值为 4~6 时,上染羊毛的染料增多。用弱酸性染料和直接染料同浴染毛黏混纺织物时,在弱酸性染浴中,若将温度降低至 70~80℃,则染料在羊毛组分上的上染量降低,在黏胶纤维上的上染量增加。

以酸性染料、直接染料一浴法绳状染色为例:

1. 染色处方:

弱酸性染抖	X
直接染料	Y
拉开粉(owf)	0.3%~0.5%
硫酸铵(owf)	1%~3%
结晶元明粉(owf)	10%~40%

2. 染色过程:温水处理,在 40~50℃ 时加入染料溶液和半量的元明粉溶液以及其他助剂溶液,40~60min 内升温至 85~95℃,续染 40~70min 后加入余下的元明粉溶液,在约 30min 内自然降温到 75℃ 左右,续染 20min,后经水洗,再用环保固色剂 2%~4%,冰醋酸 0.5%~1% 的固色液固色。

对于散纤维染色后再将有色的纤维混纺成产品,由于要经过缩呢、洗练等全部湿整理过程,对散纤维染色必须选用染色牢度(尤其是耐水洗及缩绒牢度)较好的染料。黏胶纤维组分的染色应选用铜盐直接染料、硫化染料、活性染料或还原染料等,羊毛组分的染色则宜用耐缩绒的弱酸性染料、酸性络合染料、中性染料以及酸性媒染染料。

(二)毛腈混纺织物的染色

由于羊毛和腈纶染色性能不同,可分别用弱酸性染料、中性染料或酸性媒染染料染羊毛,用阳离子染料染腈纶。这两类染料带电荷性不同,防止阴、阳离子相遇产生沉淀和减少两种纤维互相沾色是染色的关键。可采用的染色方法如下:

1. 二浴法染色 先用阳离子染料染腈纶,再用酸性染料等染羊毛。或者先用弱酸性染料、中性染料或酸性媒染染料染羊毛,然后用阳离子染料染腈纶。这种工艺可避免染料之间的相互作用,但染色时间长,能耗大,目前使用不多。

2. 一浴两步法染色 先用酸性染料染羊毛,再在该浴中加入阳离子染料染腈纶。酸性染料对腈纶基本上不沾色,阳离子染料对羊毛的沾色随品种而异,应选择沾色较轻的染料。

操作过程:先用酸性染料染羊毛,在染料基本吸尽后降温至 80℃,再加入缓染剂和阳离子染料染腈纶,在染液中补充适量醋酸,然后逐渐升温至沸,沸染 60min,降温清洗。如果在加入阳离子染料之前染色残液中残留酸性染料还较多,则需在加入阳离子染料之前先加入少量分散剂,防止形成沉淀。也可先用阳离子染料染色,在染色后降温至 70℃,加入分散剂及弱酸性染料溶液后,再缓慢升温至沸,沸染 60min 后降温清洗。

3. 一浴法染色 一般是用阳离子染料和弱酸性染料,要特别注意防止产生染料沉淀。首先要选择合适的染料,最好选含羟基和氨基的弱酸性染料,一旦与阳离子染料结合失去离子性时仍能有一定的亲水性和分散性。其次要采用适当的分散剂和合理的加料次序。一浴法不宜用于染深浓色,否则染料易发生沉淀。

（1）染色处方：

阳离子染料	X
弱酸性染料	Y
分散剂 WA（owf）	1%～3%
冰醋酸（owf）	1%～3%（调 pH 值至 4.5～5）
醋酸钠（owf）	0.5%～1%
元明粉（owf）	10%～15%

（2）染色过程：初染温度过低，弱酸性染料易产生沉淀，过高易造成染色不匀，宜 40～50℃开始染色，在染液中依次加入醋酸、醋酸钠、元明粉、阳离子染料溶液和分散剂，运转 10～15min，混合均匀后再加入酸性染料溶液，分散剂必须在酸性染料加入之前加。以 1℃/2min 的速度升温至沸，沸染 60min，降温清洗。也可采用先加弱酸性染料和助剂，并与分散剂充分混合后再加阳离子染料。

（三）毛涤混纺织物的染色

羊毛与涤纶的混纺织物最普通的混纺比是 45% 羊毛和 55% 涤纶。由于涤纶在常温下需用载体染色法，毛涤混纺产品较少采用织物染色，一般是用散毛或毛条形式分别染色后再混纺，或采用染色的涤纶与本色毛条混纺织造后，再用匹染的方式套染羊毛组分。在进行套染时一般采用弱酸性染料或酸性媒染染料。

毛涤混纺织物用弱酸性染料、分散染料一浴法染色时应选用低温型分散染料加载体染涤纶，染色工艺举例：

染液处方：

弱酸性染料	X
分散染料	Y
水杨酸甲酯（冬青油）（g/L）	2～8（随染料用量增减）
平平加 O（g/L）	0.2～0.8（应为水杨酸酯用量的 1/10）
98% 醋酸（owf）	0.5%～1%
硫酸铵（owf）	1%～2.5%

染色过程：织物先于 50～60℃的醋酸、硫酸铵和水杨酸甲酯乳液中均匀润湿，然后加入分散染料和酸性染料溶液，在 90min 内升温至沸，沸染 90min，再降温清洗。可加入适量净洗剂增强羊毛上分散染料的洗除效果，避免对气候和皂洗等牢度的影响。冬青油为分散染料染色载体，也可用导染剂 NP 等新型染色载体。如采用封闭加压的染色设备，将染色温度升高到 105～110℃，可减少分散染料和载体的用量。如采用 120℃高温一浴染色法，需先用高温羊毛保护剂进行处理（如用 4%～6% 羊毛纤维保护剂 WRP 处理），以避免羊毛纤维在高温下发生损伤和黄变。

（四）毛锦混纺织物的染色

羊毛与锦纶的染色性能相似，都可用弱酸性和中性染料染色，但弱酸性和中性染料对锦纶上染比羊毛快，而在锦纶上的饱和值较羊毛低，如果染液中染料足够，锦纶达到上染平衡后，染液中剩余的染料继续上染羊毛,使两种纤维上的得色逐渐趋于接近,也可能使羊毛上的最终得色量超过锦纶,一般染淡色或中色时,用上染速率较低的弱酸性染料,并加入适量的阴离子表面活性剂(如锦纶防染剂 NFY)或非离子表面活性剂(如平平加 O)作缓染剂,以防止锦纶上染过快。染浓色时可选用中性染料,它们在锦纶上具有较高的饱和值。

染色实例:

1. 浅中色处方:

弱酸性染料	X
醋酸(owf)	3% ~4%
元明粉(owf)	10% ~20%
缓染剂(owf)	1% ~2%

2. 深色处方:

中性染料	X
硫酸铵(owf)	5% ~10%
缓染剂(owf)	1% ~2%

3. 染色过程:40℃左右依次加入除醋酸外的助剂和染料,以 1℃/min 的速率升温至 80 ~85℃,再以 0.5℃/min 的速率升温至沸,沸染 30 ~60min,染色后期加入醋酸,染色结束后降温清洗。

三、锦棉交织织物的染色

锦与棉的交织物有锦棉交织布,也有棉锦交织布。锦棉交织布是指经纱为锦纶、纬纱为棉纤维的织物,棉锦交织布是指经纱为棉纤维、纬纱为锦纶的织物。该类织物既具有棉织物吸湿透气的特点,又具有锦纶耐磨、强力高的优点,同时还有光亮、滑爽的风格,是当前市场上流行的服装面料之一。

(一)两种染料一浴法染色(酸性—直接染料染色)

用直接染料染棉,酸性染料染锦纶可实现锦棉交织织物的一浴染色。但一般的直接染料具有匀染性差,色牢度低,色光萎暗的特点,所以应合理选用。工艺流程为:

染色→(固色)→水洗→皂洗→后处理

染色处方:

直接染料	X
弱酸性染料	Y
匀染剂(owf)	1%
NaAc(owf)	2%
HAc(owf)	0.3%
浴比	1:25

一浴法染色缩短了染色时间,降低能耗,也解决了由于染色时间过长造成的布身变形、手感较硬等缺点。

（二）两种染料两浴法染色

1.先染棉纤维后染锦纶　此种工艺为传统的锦棉混纺织物染色工艺,即先用活性染料染棉后,再用分散染料、中性染料或酸性染料之一来套染锦纶。工艺流程为:

染棉纤维→水洗→皂洗→水洗→染锦纶→水洗→锦纶固色处理→后处理

染色处方:

（1）棉纤维染色处方:

活性染料	X
Na_2SO_4	Y
Na_2CO_3	Z
皂洗剂(owf)	2%
浴比	1:(15~20)

（2）锦纶染色处方:

弱酸性染料	X
匀染剂(owf)	1%
NaAc(owf)	2%
HAc(owf)	0.3%
锦纶固色剂	Y
浴比	1:20

此种工艺耗时长,耗能大,很易产生经纬异色、闪光、色花等问题。

2.先染锦纶后染棉纤维　工艺流程为:

染锦纶→水洗→染棉纤维→水洗→皂洗→后处理

染色处方:

（1）锦纶染色处方:

弱酸性染料	X
匀染剂(owf)	1%
NaAc(owf)	2%
HAc(owf)	0.3%
浴比	1:25

（2）棉纤维染色处方:

活性染料	X
Na_2SO_4(g/L)	20
Na_2CO_3(g/L)	10
浴比	1:(15~20)

此工艺一般无须对锦纶进行固色处理,较传统工艺可缩短生产周期。先染锦纶后染棉纤维的染色工艺适合较深的颜色。

任务 2 涂料染色

一、涂料染色的特点

涂料染色是将涂料制成分散液,通过浸轧使织物均匀带液,然后经高温处理,借助于黏合剂的作用,在织物上形成一层透明而坚韧的树脂薄膜,从而将涂料机械地固着于纤维上,涂料本身对纤维没有亲和力。

涂料作为一种颜料,长期以来在印花中被广泛使用,近年来,由于印染助剂(如黏合剂)性能的不断提高,扩展了涂料的应用范围,使涂料染色工艺得到了迅速发展。该染色工艺具有以下特点:

(1)品种适应性较强,适用于棉、麻、丝、毛、涤纶、锦纶、黏胶纤维等各种纤维制品的染色。

(2)工艺流程短,操作简便,能耗低,有利于降低生产成本。

(3)配色直观,仿色容易。

(4)污水排放量小,能满足绿色生产要求。

(5)涂料色相稳定,遮盖力强,不易产生染色疵病。

(6)涂料色谱齐全,湿处理牢度较好,还能生产一般染料染色工艺无法生产的特种色泽,对提高产品附加值较为有利。

涂料染色也有不足之处,如机械固着决定了它的摩擦牢度,尤其是搓洗牢度不高,染后织物手感发硬等。尽管近年来新型黏合剂不断涌现,牢度和手感得到了一定的改善,但它还不能完全替代传统的染料染色工艺。目前涂料染色常用于棉、涤棉混纺等织物的中、浅色产品染色。

二、染色用涂料及黏合剂

涂料为非水溶性色素,商品涂料一般以浆状形式供应。其组成有涂料、润湿剂(如甘油等)、扩散剂(如平平加 O 等)、保护胶体(如乳化剂 EL 等)及少量水。涂料包括无机颜料和有机颜料两大类,无机颜料主要提供一些特殊的色泽,如钛白粉、灰黑、铜粉(仿金)、铝粉(仿银)等。有机颜料提供一系列的彩色。涂料除了在色泽、耐化学药剂稳定性、耐热、耐光等性能方面要求与染料相似外,对颗粒细度要求尤其高,一般为 $0.2 \sim 0.5 \mu m$,以保证涂料色浆的稳定性和染色制品的摩擦牢度。

涂料染色用黏合剂是在涂料印花用黏合剂基础上发展起来的。涂料染色质量的优劣,关键在于黏合剂的选用。涂料染色用黏合剂与印花用黏合剂的要求相同,如良好的成膜性和稳定性、适宜的黏着力、较高的耐化学药剂稳定性、皮膜无色透明、富有弹性和韧性、不宜老化和泛黄等。对牢度和手感要求更高,并且不易粘轧辊等。根据对涂料印花产品质量的分析(包括牢度、手感、色泽鲜艳度、稳定性等),一般认为聚丙烯酸酯类黏合剂较适用于涂料染色,且大多数采用乳液聚合的方法。因为它具有皮膜透明度高、柔韧性好、耐磨性好、不易老化等优点。常用的品种有黏合剂 LPD、黏合剂 BPD、黏合剂 GH、黏合剂 FWT、黏合剂 NF – 1 等。也有少量聚氨酯类黏合剂,它黏着力强,皮膜弹性好,手感柔软,耐低温和耐磨性优异,但易泛黄,如黏合剂 Y505 等。

在涂料染色时,施加交联剂对提高涂料染色的染色牢度有很大帮助,对耐洗牢度帮助更大。交联剂使用量一般为 2~8g/L,常用的交联剂有交联剂 EH 等。

三、涂料染色方法及工艺

涂料染色主要用于轧染。

(一)工艺流程及主要工艺条件

工艺流程为:

浸轧染液(一浸一轧,室温)→预烘(红外线或热风)→焙烘(120~160℃,2~5min)→后处理

浸轧时温度不宜过高,一般为室温,以防止黏合剂过早反应,造成严重的粘辊现象而使染色不能正常进行。预烘应采用无接触式烘干,如红外线或热风烘燥,不宜采用烘筒烘燥。如果浸轧后立即采用烘筒在100℃下烘干,会造成涂料颗粒泳移,产生条花和不匀,并且易粘烘筒。焙烘温度应根据黏合剂性能及纤维材料的性能确定,成膜温度低或反应性强的黏合剂,焙烘温度可以低一些。反之,成膜温度高或反应性弱的黏合剂,焙烘温度必须高些,否则将影响染色牢度。纤维素纤维制品和蛋白质纤维制品涂料染色时,焙烘温度不宜太高,否则织物易泛黄,并对织物造成不同程度的损伤。

一般情况下若无特殊要求,织物经浸轧、烘干、焙烘后,便完成了染色的全部过程。但有时为了去除残留在织物上的杂质,改善手感,可用洗涤剂进行适当的皂洗后处理。

(二)参考工艺处方

	浅色	中色
涂料色浆(g/L)	5~10	10~30
黏合剂(g/L)	10	20
防泳移剂(g/L)	10	20

(三)工艺实例

19.5tex/14.5tex,395 根/10cm×236 根/10cm,蓝绿色纯棉府绸

工艺处方(g/L):

涂料藏青 8304	3.6
涂料绿 8601	7.3
涂料元 8501	0.95
黏合剂 NF-1	20
柔软剂 CGF	1

工艺流程:

浸轧染液(多浸一轧,轧液率为 65%~70%,室温)→红外线预烘→热风烘燥→焙烘(155℃,3min)→水洗。

四、涂料轧染新技术

由于涂料对纤维无亲和力,仅靠黏合剂成膜而固色,其色膜色度与面料 K/S 大小相关性

差,染色提升率低,故染深浓色较困难。涂料染色用变性增深剂(如增深剂T等)的开发与应用,为实现涂料轧染深浓色染色提供了可能性。同时为改善涂料染色牢度与手感,配套的涂料染色湿摩擦牢度提高剂PG(浸染专用)及PW(轧染专用)等产品相继出现。

1. 染色原理 与涂料浸染原理相似。将纤维素纤维经变性剂处理,通过变性剂的接枝功能,使纤维素纤维在水溶液中由原来的带阴电荷变成带阳电荷。然后选用表面阴离子化的涂料染色,涂料在呈正电荷的纤维上发生定位吸附,并通过变性剂中的活性基团与纤维形成共价键结合,同时具有一定聚合度的变性剂还能以范德华力与纤维结合。通过控制纤维变性的条件,可以控制涂料染色的深度和均匀程度。

2. 工艺流程

平幅进布→浸轧变性剂→交联接枝→布面温湿度控制→浸轧涂料染液→红外线预烘→锡林烘干→(焙烘→后处理)→平幅落布

五、涂料染色常见疵病及质量控制

涂料染色常见疵病及质量控制方法见表7-1。

表7-1 涂料染色常见疵病及解决办法

疵病名称	性状特征	成因分析	解决办法
色花	布面色泽不匀或有色渍色斑	1.半制品毛效不均匀 2.半制品遇水滴、油污等 3.染液稳定性差导致粘搭辊筒	1.加强半制品工艺控制及管理 2.合理选用黏合剂 3.轧染液温度不宜过高
前后色差	批与批或缸与缸色泽或色光不一	1.轧槽液面高低不一 2.车速不稳定 3.缸与缸之间工艺控制有误 4.称料有误差	1.自动控制液面;保证输液畅通 2.加强工艺管理 3.规范操作,最好采用计算机计量、自动控制,减少人为误差
左中右色差	布幅左右深浅不一	1.轧车左中右压力不均匀 2.固色温度左中右不均匀	1.调整轧车压力;采用均匀轧车 2.保证焙烘箱热风循环畅通
阴阳面	正反面色泽不一	1.烘干方式不妥 2.烘干速度过急	1.先采用红外线或热风烘干 2.预烘时应由低到高缓慢烘干 3.加入适量抗泳移剂(慎用)
牢度差	摩擦牢度和刷洗牢度差	1.黏合剂本身牢度不理想 2.黏合剂或交联剂未完全成膜或反应 3.黏合剂或交联剂用量不足 4.染液渗透性差	1.合理选用黏合剂和交联剂 2.固色温度和时间应充分 3.保证黏合剂和交联剂用量 4.慎用尿素,它虽有较强的吸湿性,但会延缓黏合剂的结膜速度
手感差	布身板硬粗糙	1.黏合剂、交联剂手感不理想 2.交联剂用量过多 3.焙烘温度高或时间过长	1.合理选用黏合剂和交联剂 2.交联剂适量 3.要严格控制焙烘温度和时间 4.添加适量柔软剂

思考题

1. 设计涤棉、锦棉混纺织物染色工艺。
2. 锦棉混纺织物染色易出现什么疵病?
3. 影响涂料染色产品质量的主要因素有哪些?

项目八　质量控制

任务 1　内在质量检测

一、透染性

（一）定义

习惯上是指染料在织物、纱线、纤维内部各个部位分布的均匀程度。要求不仅要匀染，而且要求织物、纱线、纤维内外染色均匀一致。即内、外达到匀染，无环染现象。

（二）透染性的影响因素及控制

1. 染料、助剂性能的影响　透染性与染料、助剂的性能密切相关。染料的扩散性是影响透染的最重要因素。若染料的上染速度快，但扩散性差，扩散速率低，容易造成染料在纤维内外分配不匀，以致造成环染现象，其透染性差。凡是影响染料扩散速率的因素都会影响到纤维、织物的透染效果。

助剂对透染性也有影响。加入对染料扩散性有帮助的助剂，如渗透剂、助溶剂、扩散剂、纤维膨化剂等，有利于染料透染纤维；但若加入的助剂使染料凝聚，减慢了染料的扩散，就会影响透染效果，甚至会造成严重的环染现象。

2. 温度、时间的影响　温度提高，有利于染料向纤维内的扩散，这对提高扩散性能差的染料的透染性是很有帮助的。但如果起染温度太高，染色时染料初染速率加快，会给匀染性和透染性带来负面影响，也会造成透染性差。温度的确定要根据染料和被染物的性能而定。

延长染色时间，使染料从纤维表面向纤维内部充分扩散，有利于提高透染性。

3. 染料透染性的检测　由于染料的扩散性是影响染料透染性的最重要因素，染料透染性的好坏可通过测试染料扩散性来衡量。

（1）染料悬浮液的制备：准确称取染料试样 0.5g（称准至 0.001g）置于烧杯中，加入少量 30℃蒸馏水，将染料调成浆状。再加入 30℃蒸馏水使总体积达 100mL，在搅拌器上搅拌 5min，保持温度（30±2）℃备用。

（2）滤纸渗圈试样的制备：将滤纸放置在表面皿上，在搅拌情况下从染料悬浮液中部吸取 0.2mL 染液。吸管保持垂直，其尖端距离滤纸约 1cm 处，将染料滴于滤纸上。待第一滴染液将渗完时再滴第二滴。各滴染液应滴在同一位置上，并使其自然扩散。晾干待用。

（3）结果评定：将制作的待测染料滤纸渗圈试样与图 8－1 中染料扩散性能试样卡中滤纸渗圈标样对比评级。共分五级，五级最好，一级最差。

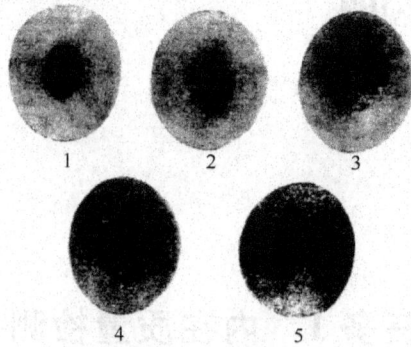

图 8 - 1　染料扩散性能测试卡

二、染色牢度

（一）定义

染色牢度是指染色制品在使用或后续加工过程中染料（或颜料）在各种外界因素的影响下，保持其原来色泽的能力。主要有日晒、皂洗、摩擦、熨烫、耐烟气牢度等。纺织品的用途不同，对色牢度的要求也有所不同。

（二）染色牢度的影响因素及控制

1. 皂洗牢度影响因素及控制

（1）定义：皂洗牢度是指染色制品在规定条件下，在肥皂液中皂洗后褪色的程度。包括原样褪色和白布沾色。原样褪色是指印染制品在皂洗前后褪色的情况；白布沾色是指皂洗时因印染制品褪色而使白布沾色的情况。

（2）产生皂洗褪色的原因：在外力和洗涤剂的作用下，破坏了染料和纤维的结合，使染料脱落而褪色。

（3）影响皂洗牢度的因素。

①与染料的化学结构有关：如酸性、直接等含有亲水基的水溶性染料皂洗牢度较低；分散、还原等不含亲水基的染料皂洗牢度较高。

②与染料和纤维的结合情况有关：如活性染料和纤维发生共价键结合，皂洗牢度较高。

③与染色工艺有关：如染料浓度太高，超过了纤维的吸附饱和值，皂洗牢度下降。

（4）提高皂洗牢度的措施：

①制订合理的染色工艺，严格按工艺操作。

②染后充分洗涤，去除浮色。

③必要时加入适当的固色剂。

④洗涤衣服时要选择合适的洗涤剂和加入适当助剂。

2. 摩擦牢度影响因素及控制

（1）定义：干摩擦牢度是指用干的白布摩擦染色制品，白布沾色的情况；湿摩擦牢度是指用含水率为 100％的白布摩擦染色制品,白布沾色的情况。

一般情况下,湿摩牢度比干摩牢度低 1 级左右

(2)产生摩擦褪色的原因:在摩擦力的作用下,染料很容易脱落。大多数染料与纤维的结合力在水分存在下,更易被破坏。

(3)影响摩擦牢度的因素:染色制品浮色的多少,染料与纤维的结合情况,染料渗透的均匀度,染料分子量大小及染料在织物表面的粒子情况。

(4)提高摩擦牢度的措施:

①选择合适的染料,制订合理的工艺,并严格按工艺操作。

②染色后充分洗净浮色。

③必要时,可加入平滑固色交联剂。

3.日晒牢度的影响因素及控制

(1)定义:日晒牢度是指染色制品经日晒后的褪色、变色情况。

(2)产生日晒褪色、变色的原因:在日光作用下,染料吸收光能,处于不稳定状态,需释放此能量。一种方式是使染料直接分解;另一种方式是使染料分子被氧化或还原。同一种染料在不同纤维上的日晒牢度可能会有很大差异。

(3)影响日晒牢度的因素:

①染料分子结构:如分子中含有易被氧化的基团(如氨基、羟基)则牢度低。

②染料浓度:如同一种染料染同一种纤维时,浅色比深色日晒牢度差。

③所用助剂:如紫外光屏蔽剂,可提高日晒牢度;有的固色剂正相反。

④外界因素:如空气含湿、大气污染、试样含湿等。

(4)提高日晒牢度的措施:

①选择合适的染料,制订合理的工艺,并严格按工艺操作。

②选择合适的加工助剂,保证不会产生负面影响。

③选择合适的晾衣方式。

(三)常见染色牢度的测试方法

1.耐洗色牢度测试

(1)试样准备:

①织物试样:取 40mm×100mm 试样一块,正面与一块 40mm×100mm 的多纤维贴衬织物相接触,沿四边缝合,形成一个组合试样。或取 40mm×100mm 试样一块,夹于两块 40mm×100mm 的单纤维贴衬织物之间,沿四边缝合,形成一个组合试样。第一块用试样的同类纤维制成,第二块则由表中与第一块织物相对应的纤维制成,如表 8-1 所示。如试样为混纺或交织物,则第一块用主要含量的纤维制成,第二块用次要含量的纤维制成。

②纱线或散纤维试样:取纱线或散纤维约等于贴衬织物总质量的一半,夹于一块 40mm×100mm 多纤维贴衬织物及一块 40mm×100mm 不能上染的织物(如聚丙烯)之间,沿四边缝合,组成一个组合试样。或取纱线或散纤维约等于贴衬织物总质量的一半,夹于两块 40mm×100mm 规定的单纤维贴衬织物之间,沿四边缝合,形成一个组合试样。

表8-1　皂洗牢度测定用标准贴衬布

第一块	第二块
棉	羊毛
羊毛	棉
丝	棉
亚麻	棉
黏胶纤维	羊毛
醋酯纤维	黏胶纤维
聚酰胺纤维	羊毛或黏胶纤维
聚酯纤维	羊毛或棉
聚丙烯腈纤维	羊毛或棉

注　上述标准贴衬布适用于方法一、二、三,方法四和方法五应选择不含毛和醋酯纤维的。

(2)将预先准备好的组合试样放在容器内,注入预热到规定温度的皂液(浴比为1:50),在规定温度下处理一定时间如表8-2所示。

(3)取出组合试样,用冷水清洗两次,然后在流动冷水中冲洗10min,挤去水分,拆开组合试样,使试样和贴衬仅由一条短边缝线连接,悬挂在不超过60℃的空气中干燥。

(4)用灰色样卡评定试样的原样变(褪)色和贴衬织物的沾色情况。

表8-2　各种方法的皂洗牢度测试条件

方法＼条件	试验温度	处理时间	皂液组成	备　注
方法一	(40±2)℃	30min	标准皂片 5g/L	
方法二	(50±2)℃	45min	标准皂片 5g/L	
方法三	(60±2)℃	30min	标准皂片 5g/L 无水碳酸钠 2g/L	
方法四	(95±2)℃	30min	标准皂片 5g/L 无水碳酸钠 2g/L	加 10 粒不锈钢球
方法五	(95±2)℃	4h	标准皂片 5g/L 无水碳酸钠 2g/L	加 10 粒不锈钢球

注　如需要,可用合成洗涤剂4g/L和无水碳酸钠1g/L代替皂片5g/L。

2. 耐摩擦色牢度测试

(1)试样准备:当被测纺织品是织物或地毯时,必须备有两组不小于 50mm × 200mm 的样品。每组两块,一组其长度方向平行于经纱,用于经向的干摩擦和湿摩擦测试;另一组其长度方向平行于纬纱,用于纬向的干摩擦和湿摩擦测试。

若被测纺织品是纱线,将其编结成织物,并保证试样的尺寸不小于 50mm × 200mm,或将纱线平行缠绕于与试样尺寸相同的纸板上。

（2）用夹紧装置将试验样品固定在试验仪的底板上，使试样的长度方向与仪器的动程方向一致。将干摩擦布固定在试验仪的摩擦头上，使摩擦布的经向与摩擦头运行方向一致。按下启动按钮，在10s内摩擦10次（往复动程为100mm，垂直压力为9N），取下干摩擦布。取另一块干摩擦布，用冷水浸湿后在轧液装置上轧压，使织物含水率控制在95%～105%。

（3）重复上述干摩擦布的操作。摩擦结束后，在室温下晾干。最后用评定沾色用灰色样卡分别评定上述干、湿摩擦布的沾色牢度。

3. 耐光色牢度测试

（1）将装好的试样夹安放于设备的试样架上，呈垂直状排列。试样架上所有的空档都要用没有试样而装着硬卡的试样夹全部填满。

（2）开启氙灯，在预定的条件下，对试样（或一组试样）和蓝色羊毛标准同时进行暴晒。其方法和时间以能否对照蓝色羊毛标准完全评出每块试样的耐光色牢度为准。

（3）在试样的暴晒和未暴晒部分之间的色差达到灰色样卡3级后，停止试验，进行耐光色牢度的评定。

（4）移开所有遮盖物，试样和蓝色羊毛标准露出试验后的两个或三个分段面，其中有的已暴晒过多次，连同至少一处未受到暴晒的，在标准光源箱中比较试样和蓝色羊毛标准的相应变色。

任务2 外观质量检测

一、染色产品外观质量指标

（一）色泽

色泽应包含色调、纯度、亮度。

1. 色调 又称色相，可用来比较确切地表示某种颜色色别的名称；是色与色之间的主要区别，是色的最基本性能。

2. 纯度 又称饱和度或鲜艳度，是指彩色的纯洁性。

3. 亮度 又称明度，是颜色在视觉上所引起的明亮程度；主要用于区别颜色的浓与淡。

实际生产中对色泽要求：一般要求在标准光源（灯箱）与来样对比相一致，则称合样。主要原因一是自然光易受天气变化的影响；二是普通荧光灯与自然光差异较大，在普通荧光灯下，观看染色产品，色泽一般偏蓝；而在日光下，一般偏红。对样要求高时，可采用测色仪进行测定，数值一致或相近，则称合样。

（二）匀染性

习惯上是指染色制品各个部位，颜色均匀一致的程度。广义定义是指织物、纱线、纤维表面及内部各部位颜色均匀一致的程度；狭义定义是指织物、纱线、纤维表面各部位颜色均匀一致的程度。

匀染性的要求：不仅色泽符样，而且要求颜色均匀一致，无色差，外观均匀，色光柔和一致。

二、色光对样及匀染性的影响因素

(一)设备因素及设备选择

为获得优质的染色产品,除根据不同的纤维、不同的织物选用不同的染料,制订各自合理的染色工艺外,还要有与之相适应的染色设备。随着生产的不断发展及科技水平的不断提高,染色机械也日趋先进,但设备造成的质量问题还是不能完全避免。

设备对色光的影响主要是设备的开车稳定性,如车速、烘燥条件、升降温速度、压力控制等。设备工艺控制稳定,就能从设备上保证染色色光稳定,保证重现性。对匀染性的影响,设备因素比较重要,为保证匀染性,对设备就提出了以下要求:

(1)工艺适应性要强。要能满足匀染性对设备温度、压力、速度、处理时间等工艺参数以及对染化料等化学介质变化调整的要求,使染整设备与新工艺、新技术相适应,保证染色织物的匀染性以及其他质量要求。

(2)自动化程度高。对主要工艺参数尽可能自动检测、自动调节,达到精确控制,减少人为原因造成的匀染疵病,满足对工艺重现性的要求,保证质量的稳定。

(3)一机多用,适应多品种的加工要求。印染厂的设备总是有限的,而染整产品是随市场需求变化的,所以要增强设备的适应性,要在减少设备投资的前提下,保证设备能满足不同品种织物染整的匀染性和其他质量要求。

(4)织物在设备中以低张力或松式运行。张力是影响匀染性及织物缩水率大等的因素,张力大或张力不匀极易造成匀染质量问题,所以要求在设备操作运行中尽可能在松式下进行或在低张力、均匀张力下运行。

(二)工艺配方的制订

工艺配方制订的是否合理,直接关系到染色质量,制订工艺配方的主要依据是:

(1)纤维的性能及织物的组织结构及规格。各种纤维的结构不同,性质也不同,则所采用的染料也不同。如棉纤维适合用活性、直接、还原、硫化等染料染色,而且纤维耐碱不耐酸。而涤纶性能就不一样,制订涤棉混纺织物染色工艺就必须考虑两种纤维各自的性能。同一纤维织物,规格不同,其配方也必须有所变化。

(2)色泽与被染物用途。

(3)染化料的性能。

(4)设备的性能及产品的适应性。

(5)染整加工的方法。

(6)染整加工的质量要求及成本要求。

工艺配方是否合理,直接影响到加工产品能否满足质量要求。如用阳离子染料染腈纶,假如不考虑阳离子染料的配伍性和腈纶的染色饱和值,制订配方不合理,就不能染成所需的色泽,也不能满足色光、匀染性等方面的要求。配方制订后,如发现存在不合理之处,必须根据生产的具体要求进行调整。

(三)工艺条件

工艺条件是影响染色产品色光和匀染性的重要因素,如温度、时间、pH 值等,每一个条件都直接影响到产品的质量。

1. 温度 温度的高低,关系到纤维的膨化程度,关系到染料的性能(溶解性、分散性、上染速率、上染率、色光等),关系到助剂性能的发挥。每一种纤维制品,每一种染料都有自己最适宜的染色温度,温度或升温速率控制不当,都会严重影响到染制品的色光及匀染性。如弱酸黑BR 染羊毛,最高上染温度为 80~95℃,而酸性藏青 GGR 最高上染温度为 95~100℃。又如阳离子染料染腈纶,升温速率必须严格控制,升温太快,极易造成染花。

2. 时间 染色时间的确定与染料在纤维上的扩散、结合有关,染色必须有足够的时间,让染料充分上染、扩散、固着,达到上染平衡,得到应有的色泽。时间过短,往往染料未完全上染,得不到应有色泽,色不符样必须修色重染,因而会浪费染料。万一有染花现象,也没有足够的时间来让纤维上的染料移染,来达到染色均匀的目的。当然染色时间的确定要适当,时间过长,有时反而会使织物因随温度及化学药品作用时间的过长而发生风格变化,使手感发硬。

3. pH 值 pH 值也是影响染色色泽与匀染性的重要因素。如一般的分散染料染涤纶,适合在酸性条件下进行,若将这些染料的 pH 值定在碱性,染料的色泽就会发生变化。如用酸性藏青 GGR 染色,pH 值不宜大于 3,否则色光就会明显带红光。同一种染料染同一种纤维,当 pH 值发生变化时,色光就会发生变化,而且会影响到匀染性。如羊毛用酸性染料染色,pH 值越低,羊毛带正电荷越多,使负电性的染料上染速度加快,染花的可能性就会增加。pH 值还会影响到染料的反应性和水解性能,如活性染料的水解性与反应性都与 pH 值有关,pH 值还影响到纤维的性质以及助剂的性能,最终影响到染色色泽和匀染性。

三、颜色的仪器测量

(一)色差测量

取仿色标样与仿色试样,分别在计算机测色配色仪上选用 CIELAB 色差公式测量色差。开机校正仪器,选择所需要的功能菜单;将待测试样重叠数层(根据织物厚薄定,以继续增加层数不再导致反射值改变为宜),以一定的张力安放于样品测量孔上;先后对标样、仿色样的正面进行测量,采用多点测量,取平均值;确认后屏幕显示测量结果,根据要求记录或打印所需要的测量数据。

(二)表面色深测定

由仪器直接测定皂洗前后样布(包括原样、褪色样、沾色样等)的表面深度 K/S 值。开机校正仪器,选择所需要的功能菜单;将待测试样重叠数层(根据织物厚薄定,以继续增加层数不再导致反射值改变为宜),以一定的张力安放于样品测量孔上;先后对原样、褪色样、沾色样的正面进行测量,采用多点测量,取平均值;确认后屏幕显示测量结果,根据要求记录或打印所需要的测量数据。

🖝 思考题

1. 现有一块涤棉混纺染色产品,通过一定的方法评价它的如下质量指标:

(1)涤、棉的染色同色性。

（2）涤棉混纺织物的匀染性。

（3）涤棉混纺织物水洗牢度、摩擦牢度和日晒牢度。

2.某印染厂对一块翠蓝活性染料染色的纯棉布样打小样后，发现在标准光源箱下评级和用测色配色仪评级结果相差较大，试分析原因，并如何调整处方？

参考文献

[1] 沈志平.染整技术(第二册)[M].北京:中国纺织出版社,2005.

[2] 陶乃杰.染整工程(第二册)[M].北京:纺织工业出版社,1990.

[3] 王菊生.染整工艺原理(第三册)[M].北京:纺织工业出版社,1984.

[4] 蔡再生,沈勇.染整工艺原理(第三分册)[M].北京:中国纺织出版社,2010.

[5] 何瑾馨.染料化学[M].北京:中国纺织出版社,2004.

[6] 黑木宣彦.染色理论化学[M].陈水林,译.北京:纺织工业出版社,1981.

[7]《最新染料使用大全》编写组.最新染料使用大全[M].北京:中国纺织出版社,2002.

[8] 罗巨涛.合成纤维及混纺纤维制品的染整[M].北京:中国纺织出版社,2002.

[9] 范雪荣.纺织品染整工艺学[M].北京:中国纺织出版社,1999.

[10] 陈荣圻,王建平.禁用染料及其代用[M].北京:中国纺织出版社,1996.

[11] 上海市纺织工业局《染料应用手册》编写组.染料应用手册[M].北京:中国纺织出版社,1995.

[12] 上海印染工业行业协会《印染手册》编写组.印染手册[M].2版.北京:中国纺织出版社,2003.

[13] 宋心远.新合纤染整[M].北京:中国纺织出版社,2000.

[14] 王柏华.印染产品质量控制[M].北京:高等教育出版社,2002.

[15] 周宏湘,徐辉.含蚕丝复合纤维的纺织和染整[M].北京:中国纺织出版社,1996.

[16] 周庭森.蛋白质纤维制品的染整[M].北京:中国纺织出版社,2002.

[17] 上海毛麻纺织工业公司.毛染整疵点分析[M].北京:纺织工业出版社,1986.

[18] 于松华.染料生产技术概论[M].北京:中国纺织出版社,2008.

[19] 蔡苏英.染整技术实验[M].北京:中国纺织出版社,2009.